水稻高产高效栽培与病虫草害绿色防控

董建强　江剑波　丁维东　主编

中国农业科学技术出版社

图书在版编目（CIP）数据

水稻高产高效栽培与病虫草害绿色防控／董建强，江剑波，丁维东主编．—北京：中国农业科学技术出版社，2021.6

ISBN 978-7-5116-5335-2

Ⅰ.①水…　Ⅱ.①董…②江…③丁…　Ⅲ.①水稻栽培-高产栽培②水稻-病虫害防治③水稻-除草　Ⅳ.①S511②S435.11③S45

中国版本图书馆 CIP 数据核字（2021）第 097642 号

责任编辑　白姗姗
责任校对　贾海霞
责任印制　姜义伟　王思文

出 版 者　中国农业科学技术出版社
北京市中关村南大街 12 号　邮编：100081
电　　话　(010)82106638(编辑室)　(010)82109702(发行部)
(010)82109709(读者服务部)
传　　真　(010)82106650
网　　址　http://www.castp.cn
经 销 者　各地新华书店
印 刷 者　北京富泰印刷有限责任公司
开　　本　850mm×1 168mm　1/32
印　　张　5
字　　数　120 千字
版　　次　2021 年 6 月第 1 版　2021 年 6 月第 1 次印刷
定　　价　36.80 元

《水稻高产高效栽培与病虫草害绿色防控》

编　委　会

主　编：董建强　江剑波　丁维东

副主编：笪　娟　郭加红　徐秀珍　乔林中

吴海勇　刘喜德　陈仁水　周成建

杨　峰　乔　勇

编　委：范兴标　邱文才

前 言

水稻是我国三大粮食作物之一。我国常年种植水稻面积占全世界水稻面积的20%，产量多年保持在2亿吨以上，占全世界水稻总产量的近40%。随着我国农业的不断发展，对水稻的种植技术有了更高的要求。为了推动农业可持续健康稳定发展，普及优质的高产高效种植技术势在必行，以保证水稻产量供给充足。

本书以通俗易懂的语言，从水稻高产高效栽培基础，水稻高产高效栽培技术，水稻病害绿色防控技术，水稻虫害绿色防控技术，水稻草害绿色防控技术，水稻生理、营养诊断技术，水稻防灾减灾技术几个方面进行了详细介绍，以期帮助农民朋友学习种稻相关的知识。

编　者

2021年3月

目　　录

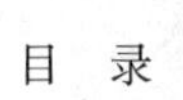

第一章　水稻高产高效栽培基础

第一节　整　地

稻田整地提倡春季水整加秋季干耕。

一、春季水整地

（一）春季水整地的作用

通过泡田、洗盐、耙、耖、搅浆、整平等措施，为插秧及以后的秧苗生长、大田管理创造良好的土壤条件。

（二）春季水整地的方法

1. 淡水洗盐

在秋耕晒垡的基础上，于插秧前7~10天，先干耙1~2遍，或直接不耙，然后灌水将土垡淹没，2~3天后将水排出田外，称为洗盐。试验证明，每一次洗盐的脱盐率不同，第一次洗盐的脱盐率高，第二次脱盐率较低，第三次脱盐率更低。所以，轻度盐渍土（以氯化钠为主的盐含量<0.2%）可以不洗盐，中度盐渍土洗盐1~2次，重度盐渍土洗盐2~3次。每次灌水，水层深度以200毫米为宜。

2. 施肥、泡田

在洗盐过后，施足底肥，灌水深度150毫米泡田。

3. 起浆、整平

泡田2~3天后，用水耙机具耙地3~4遍，或用水田搅浆平地机平地2~3遍，打碎泥土，使稻田起浆好而平。

4. 保水沉淀

稻田起浆、整平后，保水5厘米左右，沉淀泥浆，等待插秧。

（三）春季水整地质量要求

通过春季水整地，使稻田达到“平、透、净、齐、深、匀，格田大小适中，沉淀时间适度”，含盐量降到0.15%以下。

“平”，格田内高低差不大于3厘米，做到灌水棵棵到，放水处处干。

“透”，将耕作层耙透，使稻田具有足够的植土层，利于根系发育。

“净”，捞净格田植株残渣。

“齐”，格田四周平整一致，池埂横平竖直。

“深”，整地深浅一致，搅浆整地深度12~15厘米。

“匀”，全田整地均匀一致，尤其要注意格田的四周四角。

“格田大小适中”，重盐碱地格田面积以不超过1亩（1亩≈667平方米，1公顷=15亩）为宜；新开垦的重盐碱地，地不平，格田面积以不超过0.5亩为宜，随着种稻年限的增长，地势渐平，逐步扩大格田面积。盐碱轻的、较平坦的盐碱地，格田面积可大一些，以利于整地、方便灌排为准。

“沉淀时间适度”，一般搅浆整平后，沙质土壤沉淀1天，壤质土壤沉淀2天，黏质土壤沉淀3天。判断沉淀时间是否适度的方法是：田面指划成沟慢慢恢复是最佳沉淀状态，此时正

适宜插秧。指划不成沟，说明沉淀时间不够，不能插秧；指划成沟，但不恢复，说明沉淀过度。这两种都保证不了插秧质量。

二、秋季干耕地

（一）秋耕的具体作用

通过秋季耕翻，能够冻垡晒垡，熟化土壤，促进土壤微生物的活动，加速土壤养分分解；释放、氧化土壤中产生的还原性有毒物质；切断土壤毛细管，控制返盐；翻压杂草和减少病虫害基数。另外，还能够争抢农时，为翌年早育苗、早灌田、早插秧创造有利条件。

（二）秋干耕地的质量要求

同一块田内耕深要一致，不出墒沟，不起高垄，耕后田面平整；要扣垡严密，紧密衔接，到头到边，不重不漏。

（三）秋耕的方法

1. 秋耕的深度

稻田秋耕深度要因地制宜，具体情况具体对待。

对排水良好、肥力较高的老稻田，要适当深耕，以耕深18~22厘米为宜。此深度可保证秸秆残茬有效掩埋，熟化耕作层，为水稻高产创造良好的基础条件。另外，高产水稻的根系主要分布在0~18厘米的土层内，约占总根量的90%，耕深18~22厘米完全能够满足高产水稻根系发育要求。

对沙壤地、旱改水地，要适当浅耕，以耕深12~15厘米为宜。因为沙壤地和旱改水地土壤渗漏性强，如耕得过深，会破坏犁底层，加重漏水漏肥。

对重盐碱地和新开荒地，必须浅耕，以耕深10~12厘米

为宜。因浅耕能使表层土壤风干晒透，有利于脱净盐碱，创造出10厘米左右的土壤淡化层，保证插秧后正常缓秧；反之，如果耕得过深，耕层盐碱淋洗不净，插秧后缓苗慢，甚至很难保苗。

2. 秋耕的作业时间

为了延长晒垡时间，秋整地时间应尽量提早。当土壤耕层的含水量下降到20%左右，耕垡不起泥条时即可开始作业。

为了提早进行秋整地，在水稻收割前要彻底疏通各级排水渠道，降低地下水位，增强土壤渗透性，加速减少土壤含水量，并要及时腾地、晾地，为提前开始秋整地创造条件。做到早干早耕，提高耕地质量，加快耕地速度，力争在封冻前全部耕完。

第二节　施　肥

一、有机肥的施用

（一）有机肥施用量

以土壤有机质矿化率3%、稻田土壤有机质含量1%计，每年每亩稻田消耗有机质45千克。商品有机肥有机质含量≥30%，所以，从保持稻田地力、维持稻田碳平衡的角度，应该每亩稻田每年施商品有机肥150千克；从培肥地力的角度，商品有机肥应再多施一些。

猪粪、马粪、牛粪、羊粪等堆集腐熟的厩肥是很好的有机肥，一般亩施1 000千克以上，即可补充有机质的消耗。

（二）有机肥施用方法

有机肥和磷肥、锌肥等一起，在洗盐后、最后一次泡田

前，作基肥施入为好。

二、氮肥的施用

不同的品种类型，氮肥的施用方法不同。

对于早熟品种，采取“前促”施肥法。这种方法的特点是集中前期施氮，确保足够的亩穗数。一般氮肥作基肥的比例达80%以上，并早施、重施分蘖肥，酌情施穗肥或不施。

对于中熟品种，采取“前促、中控、后补”施肥法。这种方法的特点是前期早施分蘖肥，确保足够穗数；中期晒田控氮，控制无效分蘖，拔节前后10天内控制氮肥施用，预防倒伏；后期补氮，增加穗粒数。一般氮肥作基肥的比例达60%~70%，分蘖肥10%~20%，穗肥20%左右。

对于具有6个以上伸长节间的晚熟品种，采取“前稳、中促、后保”施肥法。这种方法的特点是在确保足够穗数的基础上，主攻穗大、粒多、粒饱。一般氮肥作基肥的比例为50%左右，分蘖肥15%，壮秆拔节肥15%，保花肥20%。

如果稻田肥沃，对于中、晚熟品种，限制产量提高的因素已经不是亩穗数不足，也不是亩颖花数不足，而是颖花败育的问题。所以应减少前期氮肥施用比例，增加后期氮肥比例，采取基肥占35%、壮蘖肥占15%、保花肥占25%、粒肥占25%的施肥方法。

三、磷、钾、锌肥的施用

（一）施用量

由于在淹水环境下，磷、钾、锌等矿质元素的吸收有效性极大地提高，水稻生长发育所需要的这些元素主要靠土壤供给，所以，磷、钾、锌等肥料的施用量不能像氮素一样计算，而是本着“够用”原则，通过土壤有效养分的测定，根据水

稻对这一养分的丰缺指标，来确定是否需要施用及施用的量，如表 1-1 所示。

表 1-1　水稻营养元素丰缺指标及相应的施肥量

营养元素		丰缺分级				
		极高	高	中	低	极低
磷素	土壤速效磷（毫克/千克）	>30	20~30	10~20	5~10	<5
	亩施 P_2O_5（千克）	不施	不施	2.7	3.6	4.5
钾素	土壤速效钾（毫克/千克）	>160	100~160	60~100	30~60	<30
	亩施 K_2O（千克）	不施		8	12	15
锌素	土壤速效锌（毫克/千克）	>2	1.5~2	1~1.5	0.5~1	<0.5
	亩施 $ZnSO_4$（千克）	不施	不施	0.2%溶液50千克喷施	1.5	2

（二）施用方法

磷肥在洗盐后、最后一次泡田前一次性作底肥施入；钾肥50%作底肥施入，50%作穗肥追施；锌肥全部作底肥一次性施入。磷肥也以50%作底肥、50%作穗肥施入最好。

第三节　灌　溉

一、渠系设置

（一）以水定稻

必须有水才能种稻，即使节水种稻也必须有一定的灌溉条

件。一般来说，1亩春稻的灌溉定额为800~1 000立方米，要根据水源大小确定种稻面积。

（二）排灌渠系分开

水稻生长期间，既需要田面保持一定的水层，又需要地下水位在50~70厘米，这样有利于耕作层的洗盐脱渍，改良土壤；增加下层土壤空气，促进根系向深层扩展；同时避免病虫害传播。因此在渠系设置上应排、灌渠系分开，灌排方便。

（三）水旱划片种植

新稻区内，既有水稻，又有旱稻，因此在种植布局上，必须做到统一规划，水、旱作物分开，连片种植，避免“水包旱”或“旱包水”。在水旱交界处，挖深沟隔离，解决水旱田的矛盾。

二、灌溉技术

稻田灌溉的总原则是：薄水插秧，寸水活棵，浅水攻蘖，深水护穗，干湿交替促灌浆。

（一）插秧前灌溉

一般先灌离水源近的，后灌离水源远的；同一片地，可先灌地势高的，后灌地势低的；如果一方地高低不平，可以做成格田，高地高灌，低地低灌。灌水前，要将排孔堵好，以防漏水。洗盐阶段，每次灌水深度200毫米，泡2~3天后排净，然后再灌；灌水次数视盐碱程度而定，重盐碱地灌水2~3次，中轻度盐碱地灌水1~2次。泡田时，灌水深度150毫米。

（二）插秧时灌溉

插秧时稻田应灌薄水，处于见泥见水状态。

（三）返青时灌溉

插秧后，秧苗5~7天的返青期，稻田灌水适当加深至3~5厘米，但是绝不能淹没秧苗心。

（四）分蘖期灌溉

分蘖期灌溉，以水稻够苗（水稻总茎数等于要求的亩穗数的1.2倍左右时）为界，之前应浅水灌溉，水层一般为1.5~3厘米，含盐量低的老稻田也可保持土壤水分饱和即可，但绝不能受旱，否则，严重影响分蘖发生，减产严重；之后，为控制分蘖发生，要适度晒田。

（五）拔节长穗期灌溉

此期是水稻一生需水最多的时期，也是对水分反应最敏感时期，缺水受旱会造成小穗败育，或增多不孕小花数；另外，保持适宜的水层可以调节气温变化，减少高温或低温引起的小穗败育。晚熟品种拔节期，早、中熟品种穗分化初期，灌水不宜过深，以3~4厘米为宜，否则茎基部气腔加大，茎秆强度减弱，容易倒伏；之后，水层宜加深至5~7厘米。到齐穗前3~5天要排水轻晒田。

（六）抽穗结实期灌溉

抽穗开花期是对水较为敏感的时期，不能缺水；灌浆期是水稻需水较多的时期，但又不能长期保持深水层而加速叶片和根系的老化。一般要求在抽穗开花期采取浅水灌溉，以后采用干干湿湿、以湿为主的灌溉方法，以达到田间水气协调，保持根、叶的活力，提高结实率，增加粒重。一般收割前7天断水，以便收割。

三、常见水稻节水灌溉技术

（一）“浅水—湿润”间歇灌溉

1. 技术简介

其特点是每灌一次水，待其自然消耗后，田面呈湿润状态，再灌下次水，即后水不见前水，形成“浅水层—无水层—湿润”的循环交替，浅、湿、干灵活调动的灌溉模式。据测定，间歇灌溉比一般灌溉可节水50～100立方米/亩，增产5%～10%。

2. 技术要点

其要点是移栽后返青阶段及孕穗期至抽穗开花期保持浅水层，低效分蘖期晒田，其余时期实行“浅—湿”交替的间歇灌溉，各生育期灌溉标准如下。

（1）返青期。早稻20～30毫米，晚稻30～50毫米。

（2）高效分蘖期。灌水深：早稻20毫米，中、晚稻30毫米，待自然落干田面无水后，依据土壤含水量标准再灌下次水。

（3）低效分蘖期。晒田控苗防过苗。

分蘖期，间歇灌溉可分为A型（重度）和B型（轻度）间歇灌溉。A型：适于土壤肥、还原力强、苗旺的田块，减少灌水次数、延长无水层时间；待田间持水量降至80%～90%时才复水。B型：适于中上等肥力的冲积性黏质壤土、稻苗生育正常的田块，增加灌水次数、缩短无水层时间，断水至田间持水量的90%～100%就复水。低效分蘖期晒田，程度应因田因苗而宜，烂泥田重晒7～10天，田间持水量降至65%～80%，田面有裂纹；沙壤土的爽水田，轻晒田5～7天，控制

最高苗数不超过适宜穗数的20%。

（4）孕穗期和抽穗开花期。保持水层10~30毫米；期间晾田1~2次。

（5）乳熟期、黄熟期。每次灌水层20~30毫米，自然落干后1~2天才灌。乳熟期间歇晾田2天以上，田间持水量控制在80%~90%；到黄熟后期落干。

（二）无水层灌溉

1. 技术简介

指在水稻秧苗返青后田面不再建立水层，并根据不同生育期的水分需求，保持土壤70%~100%的持水量。一季中晚稻只需灌溉2~6次，比常规灌溉节水过半，且可增产。

2. 技术要点

无水层灌溉有如下两种。

（1）湿种旱育。湿种，就是在插秧（或抛秧）、返青期间，田里“半水半露”，保持土壤充分湿润，以利于秧苗的返青。旱育，就是在水稻返青以后田间“只湿不淹”，不再让田面保持水层，而是利用降雨或少量“沟灌”来补充水量。只在水稻对水分最敏感的关键时期（孕穗期、抽穗扬花期和高效分蘖期）保持土壤饱和含水量，低效分蘖期控蘖防过苗，土壤仅含水70%~80%；而在其他生长期内，田间水分只占饱和水量的80%~90%，保证水稻的正常生长。这种方法比常规灌溉技术节水节能一半左右，适宜在基本能解决灌溉水源的稻区。

（2）旱种旱育。又称全程旱育，即在水稻整个生育期内不淹灌，完全利用雨水或少量的几次“沟灌”或喷灌补充水

量，这种方法可节约灌溉水量 2/3 左右，甚至可以不用田埂，适宜于水源不足的稻区。地膜覆盖保墒的具体做法：先深施基肥，然后分畦整地，畦宽为 2 米，再在畦上覆盖地膜，并在地膜上按种植密度打上浅孔，然后像种菜那样种上稻秧，浇一次“活根水”，以利于秧苗扎根返青。秧苗最好选用旱育秧，因为这种秧苗根系发达，吸水能力强。直播秧苗的具体做法是：先在畦面根据行距耙出浅沟，然后将已催芽的谷种条播或点播在沟底，盖上少量细土，再把浅沟之间垄起的土壤用地膜覆盖起来，这样既有利于雨水集中流向稻根，又有利于保持土壤水分。

实行无水层灌溉，需要解决以下几个问题：无水层灌溉主要靠“沟灌”来补充水量，因此首先要开好“丰产沟”（有排灌水、蓄水的作用）。“丰产沟”沟宽 25 厘米、深 20 厘米左右，以间距 2 米为宜。其次要科学除草，严防草荒。最后，要因地、因种选定适宜的种植密度，保证基本苗和群体结构适宜。

（三）薄露灌溉

1. 技术简介

水稻薄露灌溉就是每次灌溉水层在 20 毫米以下，只要达到土壤水分饱和即可；每次灌水（或降雨）后都自然落干露田；只在返青期间如果遇低、高温侵袭，防治病虫草害撒药或施肥需要时，才短期深灌。这种灌溉方法的落干露田次数一般早稻 9~12 次，晚稻 12~16 次，中稻 15~20 次。落干露田的总天数占水稻生长期的 45%~60%，可减少田间渗漏量和部分腾发量，一季稻每亩平均可省水 150 立方米左右，节水率为 30%~40%，增产 50~80 千克/亩，增产率达 10%以上。

2. 技术要点

薄露灌溉的水稻生育前、中、后 3 个时期的水分管理如下。

（1）前期（栽插至拔节期）。由于移栽时秧苗根系受损，吸水能力弱，返青期保持薄水层能减少叶面蒸发，缓和低温、高温和干热风等的影响，促进早生新根新叶，田面不能断水，稻农有“黄秧缺水，到老难发”之说。但早稻插秧后如气温低于 15℃，晚稻插秧时气温高于 32℃时，都要灌深水调温，早稻可深 50 毫米，晚稻可深 70 毫米；插秧后 5~6 天要落干露田，落干程度要轻，在田面无水、始现小裂时再灌薄水。如栽后 5 天施用封闭性除草剂的，则要求田面要保持 5 天左右的水层以保证药效，可适当推迟第一次落干露田时间。此后每次灌水，都要待田面自然落干至田面开小裂时才灌薄水。实践证明，水稻分蘖按深灌—浅灌—湿润的次序而递增。因薄灌或湿润能使日光直接照射泥面及稻株基部，使地温提高，氧气充足，能早发快发分蘖。在分蘖末期和拔节期每次灌水后可至田面开“鸡爪”裂。

薄露灌溉既能满足稻苗的生理需水，又有利于阳光直接照射到稻苗的基部，提高根际和植株基部温度，增进土壤通气，促进土壤微生物活动，加速养料分解而有利根系吸收，可促早发快发新根和分蘖，增加有效分蘖。低效分蘖期抓紧晒（烤）田，是控制无效分蘖、提高成穗率的有效手段。但晒田程度，应根据苗情、地形、土质、水源、天气和水稻类型而定。群体密度大、够苗早、长势旺的田要早烤、重搁；反之迟烤、轻搁。肥田、冷浸田、烂泥田、黏土田要重烤；瘦田、沙性田、水源困难的田则轻烤。重烤的标准是田土开丝裂，田面露白根，土内根深扎，叶片挺直，叶色褪淡，一般需烤田 6~7

天；轻搁的标准是田边开小裂、田土紧皮，一般需搁田 4~5 天。烤田如遇阴雨，则应早开排水口放渍水，并延长露田时间。

（2）中期（孕穗期至抽穗扬花期）。此期是水稻生长最旺盛、呼吸作用最强的时期，是水稻全生育期的耗水高峰期，一定要满足其生理需水。仍用薄水灌溉，而露田的时间要比前期短，田面断水 1~2 天或 15 厘米深的丰产沟底无水时就要再灌薄水，晴天高温不断水。

拔节到孕穗期，营养生长和生殖生长并进，水稻生育旺盛，对水分、养分的吸收以及光合作用都进入最高峰，这个时期是决定茎秆壮弱和穗粒数多少的关键时期；此期如缺水则正在发育的幼穗受抑，造成穗粒数减少，还会削弱有机物质的合成和运输，影响幼穗分化所需的养分供应。

特别是孕穗期和开花期，是水分敏感期，除要求土壤能供给所需水分外，还要求较高的空气湿度。如果缺水，轻则延迟抽穗；或虽抽穗，因空气干燥，而花粉和柱头失水干枯，不能正常受精而形成秕粒，正如稻农所说："谷怕胎里旱"。所以这个时期稻田土壤持水应达饱和水平；尤其在遇到高温（高于40℃，中稻）或低温（低于17℃，晚稻）时，更应采取以深水调温（降温或保温）的措施。如地下水位高，土壤保水力强或群体生长过旺的田块，可在抽穗前 3~5 天露田轻晒 1~2 天，以改善土壤通透性，防止根系早衰、病害重、泥烂易倒伏。

（3）后期（灌浆结实期）。乳熟初期要求每茎秆上有与伸长节间数相等的绿叶数，腊熟期有绿叶 3 片以上，成熟前每茎仍有 2~3 片绿叶能进行光合作用，制造养分，能顺畅输送到籽粒中。因此欲使籽粒灌浆饱满，整个灌浆结实期保证根系活

力好、不早衰，需要灌浆结实前期稻田土壤有适当的水分和空气，需经常性地露田到田面表土开小裂（1~2 毫米）才灌薄水。黄熟期水稻已渐趋衰老，为减缓根系老化，土壤更需增氧，露田程度要适当加重，至表土开大裂（4~5 毫米）才复灌薄水。收割前断水，晴天，早稻收割前 4~5 天、中稻收割前 5~7 天、晚稻收割前 7~10 天；如遇低温、阴雨，则酌情提前断水晾田待收。断水过早会影响产量与米质，过迟则不利收割，尤其是机收。双季晚稻如免耕，其前茬早稻就不宜提前断水。如蓄留再生稻，也不宜提前断水，以免影响再生发芽。

（四）湿润灌溉

1. 技术简介

水稻湿润灌溉是以保湿为主的浅水灌溉，灌浅水自然落干若干天后才灌下次水。这种灌溉方法既可节水，又可改变土壤的通气状况，增强土壤通透性，利于土壤有益微生物活动，加速还原性有毒物质分解；能改善土壤理化性状，促使水稻根系发达，吸收能力增强，增产增效。

2. 技术要点

前期（拔节期以前）浅水浅插，并保持薄水层（20 毫米以下），以减少叶面蒸发，缓和低温、高温和大风的不利影响，促进早生新根新叶。2~3 天后自然落干露田，随即结合第一次追肥和化除灌薄水，保持水层 5 天左右，确保除草效果。此后每次灌水后，均待自然落干，到田边表土开始开小裂时才灌薄水。湿润比浅水更有利于分蘖，湿润灌溉既能满足稻苗的生理需水，又能满足根系的氧气需求。低效分蘖期，烤（晒、搁）田是控制无效分蘖最有效的手段。烂泥田、肥田，长势旺的田要早烤、重搁至田面开裂、露白根，叶片挺直、叶色褪

淡（一般搁 7 天左右）才复水；反之迟烤、轻搁至田土紧皮，田边开小裂，田中不陷脚（约需 4 天）就复水。如需要，还要求灌“跑马水”后再反复烤，至孕穗之前。遇连阴雨天不能及时烤田的，可采取灌深水抑制无效分蘖。

中期（拔节至抽穗期）。拔节至孕穗期营养生长和生殖生长并进，生育旺盛，呼吸和光合都进入最高峰，也是水稻的需水高峰期。此期田间要有薄水层，田面若断水要及时灌溉，但忌长期灌深水，会造成根际土壤还原作用加强，根系生长不良，并易引起病虫害和倒伏。遇到高温（高于 40℃，中稻）或低温（低于 17℃，晚稻），可适当灌深水调温。

后期（抽穗后）。抽穗开花期要有薄水层。乳熟期要求土壤有适当的水分和空气，以保证根系仍有较强的活力，因此露田时间和程度可渐增，到表土开小裂时才复薄水。黄熟期水稻已渐趋衰老，为防止根系老化，土壤更需增氧，因此露田程度要加重，至表土开大裂时才复水。收割前提前断水，早稻一般提前 5 天，中稻提前 7 天左右，晚稻提前 10 天左右。过早断水会影响产量与米质。

第四节　种子处理

一、水稻种子处理方法

水稻种子处理是在播种前为了增强稻种活力，提高播种质量的种子处理方法。一般包括晒种、温汤浸种、泥（盐）水选种、石灰水、药剂浸种、药剂拌种等。

（一）晒种

在播种前，将稻种置于阳光下晒 2~3 天，能使种子干燥，

提高通透性而利于吸水；能增强种子中酶的活性，提高种子的生活力；能杀死种子表面的病菌和虫卵，减轻种子带菌传播；能提高种子发芽势和发芽率，利于培育壮秧。晒种时要求做到摊薄、匀晒。操作要精细，防止搓伤种皮。

（二）温汤浸种

先将稻种在清水中预浸20小时左右，然后用箩筐滤水后，放入54℃的温水中浸10分钟，不停朝一个方向搅拌，使种子受热均匀，捞出后即可催芽播种。温汤浸种可以杀死稻瘟病、白叶枯病、恶苗病和干尖线虫病等病菌。

（三）药剂浸种

药剂浸种是为了防除种子带毒和保护种子苗期生长，将稻种置于一定浓度药液中浸泡的一种处理方法。通过药剂浸种，可以杀死种皮病菌，并在种子表面形成一层药膜，提高种子的抗病能力。针对病菌的不同，药剂配方也不同。一般常用的浸种药剂有强氯精、三环唑等。

1. 三环唑浸种

将稻种置于1 000倍的三环唑药液中，浸种24小时，浸后捞起用清水洗净后即可催芽播种。三环唑对稻瘟病的防治效果明显优于一般药剂。

药剂拌种和药剂浸种的原理相同，不同的是，拌种的药剂以粉剂为主，拌种常用的药剂主要有粉锈宁等。

生产中也有直接用清水浸种的方式。清水浸种是在种子播种前为了让种子携有足够的水分，而将其置于清水中的一种处理方法。浸种的温度、稻种的种类均对其浸种时间有不同要求。据日本的星川清亲研究，日本粳稻品种浸种一般为60℃·日，即水温与天数的积应达到60℃·日才能使种子达

到要求。由于种子在浸种过程中会产生一些次生代谢产物，需要在浸种过程中换水 1~2 次，以免浸种过程中产生的次生代谢产物对胚造成伤害。

2. 强氯精浸种

先将稻种用清水浸 12 小时，然后捞起滤干水分后放入 250 倍强氯精药液中浸 12 小时，浸后捞起用清水洗净即可催芽播种，可预防细条病、恶苗病、白叶枯病和稻瘟病等。

（四）泥（盐）水选种

利用泥（盐）水较大的比重将灌浆不饱满的种子捞出，留下饱满的种子播种，从而使苗齐苗壮。捞出的不饱满种子另行播种，精细管理后也能用于大田。盐水选种还对病菌虫卵有一定的杀灭作用。

（五）石灰水浸种

石灰水浸种是一种传统的浸种消毒方法。其具体做法是：称取石灰 0.5 千克，用纱布包好，然后放入 50 千克水中溶解过滤，再把种子倒入溶解了的石灰水中浸 40~50 小时，浸后将稻种洗干净，再进行催芽。石灰水浸种时注意在浸种过程中不要搅动水面，以免打破石灰水表面的膜状体，导致空气侵入而影响消毒效果。浸种时间要随温度的高低而变化。一般情况下，温度在 15℃时浸种 4 天左右，20℃时浸种 3 天，25℃时浸种 2 天。浸种后捞出种子用清水冲洗干净，再催芽播种。

二、不同育秧方式的优缺点

育秧是夺取水稻高产的一个重要措施。以育秧时期对水分的需要量、稻田的情况及管理特点，可以将水稻育秧划分成水育秧系列技术、旱育秧系列技术。前者包括有水育秧（育秧

时水层覆盖种子)、湿润育秧（厢面无水，厢沟有水)、湿润保温育秧（覆盖农膜)、温室两段育秧等，后者主要包括旱地育秧、旱育抛秧等。

（一）旱地育秧

它是将种子播种在旱地的秧厢上。由于旱地的水分较少，氧气丰富，在此条件下培育的秧苗兼有旱地禾本科植物的某些特性，如植株较小、根较细、体内自由水较少、组织较致密等。而且这种条件所育秧苗的耐寒性、耐旱性强，其插入大田后的发育速度远远快于水育秧系列技术，成了一种新型的育秧技术。

（二）水育秧

这是一种比较原始的育秧方式，其特点是将种子淹泡在水层下，温度较高时，才能萌发。由于水的比热大，水温的上升往往比较迟缓，其稻种的萌发与生长的速度较慢，另外种子所处的水层中水分丰富而氧气不足，其根系发育相对滞后，这种秧苗的分蘖数一般较少，秧苗较差，产量相对较低。

（三）湿润保温育秧

它是将种子播种在厢式秧厢上，种子所处的泥层裸露在外，氧气较为充足；而厢沟里的水能够保证种子生长的需要，是一种水和氧气较为协调的育秧方式。湿润保温育秧是在湿润育秧的基础上覆盖保温的塑膜，是湿润育秧方式的一种演变。在水稻生产的主要产区，湿润保湿育秧是最常见的一种育秧方式。

上述方式各有一定的利弊。一般来说，在温度、水分和土壤条件较优越的地区或时段，湿润保温育秧的应用较为普遍，且技术也较为容易掌握；在水分条件较差、需要抵抗低温等不

利条件的地区，旱地育秧则有着独特的优势。应当指出的是，与水育秧、湿润育秧的技术相比较，旱地育秧的技术要求较高，掌握的人相对较少，要认真仔细操作，切不可粗心。

三、品种选择的方法

品种选择要遵循“五项原则”。

第一，合法性原则。该原则是指品种已经通过省或国家品种审定委员会的审定，并适宜在该地区销售、推广。

第二，适应性原则。该原则有两层意义：一是所选品种要适应当地的光、温等生态条件。例如，原产晚熟籼稻，具有耐热、感光性强等特性，引到北方种植就要考虑积温能否满足其要求，是否能安全齐穗。二是所选品种要适应当地的生产条件和生产习惯。例如，施肥水平不高，习惯于前期施肥多的地方，更适合于分蘖力强的多穗型品种；施肥水平较高，但稻田肥力较差的稻田，更适宜于大穗数品种；穗粒兼顾型品种适应于各种条件的稻田。

第三，市场需要原则。现在稻农种植水稻的主要目的不是为了自己食用，而是为了市场销售。所以所选品种的稻米质量是否得到市场认可很重要；否则，销售价格低，或者根本销不出去。

第四，抗病原则。选用抗病品种可以有效减轻病虫为害。例如，选用抗病品种防治“稻瘟病”“黑条矮缩病”“条纹叶枯病”，会起到事半功倍的效果，大幅度节省防治成本。

第五，综合评价原则。每一个品种都有自己的优缺点，所以，要充分了解品种的特征特性，分析自己的栽培条件或栽培目的，按照“算账不吃亏”的原则，选择优点多、缺点少、效益最好的品种。例如，甲品种高产，亩产600千克稻谷，但

米质不好，市场价格为2.4元/千克，亩产值1 440元；乙品种产量低，亩产500千克稻谷，但米质好，市场价格为3元/千克，亩产值1 500元，两者比较显然还是选乙品种合适。

四、种子购买注意事项

决定了种植的品种后，购买种子时应做到“七个注意”。

一是注意不购买没有品种生产经营权的单位生产的种子。

二是注意不购买没有固定经营场所、没有种子经营许可证和营业执照的经销商的种子。

三是注意不购买没有品种说明书或品种简介的种子。品种说明书应注明品种的特性、适应区域、栽培要点、注意事项等。

四是注意不购买没有合格证的种子。优质稻种均有检验合格证，其上标示检验日期、检验员编号、专用印章等。

五是注意不购买包装不规范的种子。种子包装袋上应注明品种名称、种子数量、质量指标、生产日期、经营许可证编号、检疫证书编号、生产厂商及联系电话等信息。

六是注意不购买质量不合格的种子。水稻大田用种质量标准为：纯度，常规种子99%，杂交种96%；净度，98%；发芽率，常规种85%，杂交种80%；含水率，籼稻13%，粳稻14.5%。购种时，存在以下现象，说明种子可能不合格：目测种子的粒型、粒色不一致；种子里有土粒、沙子，或用手插入种子袋内，抽出后手背上、指缝里有灰尘等；用牙咬种子，声音不清脆；种子外表不鲜净，呈黄色，有霉味或异味，种胚颜色发暗；种子外壳呈黑褐色或有不规则的麻斑点。购种后，要及时进行发芽率试验，发芽率低于85%的要及时更换。

七是注意保留购种票据。票据不仅是检验种子经营单位或

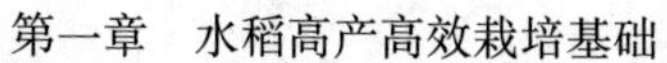

个人是否具备种子经营资格的必要环节，同时还是购种凭证。一旦因种子质量发生民事纠纷，票据则是重要证据。票据应写清品种名称、单价、购种数量、金额，并有经营单位财务章和经手人签名。

第二章 水稻高产高效栽培技术

第一节 水稻育秧

一、播种期的确定

（一）安全播种期

春稻育秧，播种过早，遇到低温寒流，会造成烂秧死苗；播种过晚，浪费光热资源，缩短了水稻生长发育期，会造成减产。所以，必须掌握安全播种期。水稻正常出苗温度为15℃，露地育秧，在日平均气温稳定上升到10～12℃时播种，秧畦白天可有5小时在15℃以上，能够满足秧苗正常出苗要求。因此，以春天日平均气温稳定回升到10～12℃时的日期为水稻安全播种期。

在具体播种时，还要注意天气预报，掌握在“冷尾暖头”，抢晴播种。这样播种后只要有3～5个晴天，幼根扎下后，即使再来寒流，秧苗也不容易受害。

（二）安全齐穗期

对于稻区，水稻播种期必须和安全齐穗期相照应，以防抽穗扬花期遇到低温冷害，影响开花受精，导致大量空秕。水稻安全齐穗期的指标为日平均气温不低于20℃，日最高气温不

低于23℃，田间空秕率不超过30%。

例如，如果一个品种的生育期为160天，齐穗后的成熟期为40天，则其最晚播种期为4月30日。

二、水稻育秧技术

水稻育秧一般需要注意种子质量及种子处理、播种质量、最佳播种期、播种量（密度）、秧田肥水条件、土壤通透性、秧田管理及植物生长调节剂的应用等方面。

种子质量好是指种子必须有较强的生活力，发芽势强，用这样的种子能够保证较好的种子基础。优质的种子再经过适当的处理，就能够提高种子的发芽率和成秧率。

播种质量有广义和狭义之分，狭义的仅指播种中的农事操作过程要符合水稻种子的萌发和生长的基本要求。这包括秧田的整理、肥料的施用、播种的均匀程度、病虫鼠害的防治、播种后的种子掩盖（湿润育秧需要泥浆塌谷，旱地育秧则需要均匀覆上0.5~1厘米厚的细壤土）等。广义的播种质量还涉及播种期的掌握和保温设施的正确运用。

我国位于北半球的季风气候带，除低纬度的地区（如广东、海南等地）外，早春的温度对水稻育秧的影响是很大的。据研究，籼稻要气温稳定通过12℃，粳稻要气温稳定通过10℃才能进入安全播种期。由于我国的人口压力和产量要求，又不得不用生育期较长的品种去争取高产，这样有限的温度、光照资源就显得格外紧张。要解决这一问题，一是可以采用保温设施。据调查，早春季节覆膜（普膜、地膜）可以提前一周左右播种，且天气状况与增温效应关系密切。晴天的效果明显优于阴雨天。另一个方法就是结合天气状况，抢晴播种。研究表明，早春期间的气温呈波浪形上升，其不同时间温度的峰

与峰之间呈一定的规律。同时，播种后的稻种只要能够抢住2~3个晴日，就能够较好地萌发，即使再遇低温，也无多大影响。为了解决播种期问题，对于早春期间具有低温矛盾的地区，应在计算覆膜增温幅度的基础上，抓住早春冷空气入侵的“冷尾暖头”抢晴播种。例如，可以在冷空气入侵降温时号召农民用清水（或药剂）浸种，每天换一次水，在天气转晴后抢晴播种，对种子早期的萌发和生长往往比较有利。如果能结合气象资料则会更加有利。

播种量（播种密度）指单位面积上稻种的播入量。在播种均匀的条件下，其播种量与秧田生长时间有一定的负相关。即单位面积的稻田面积的播种量愈大，其适宜于秧苗生长的时间愈短。秧苗时期的长短与其气温、光照和养分条件紧密相关。水稻是喜温作物，高温促进水稻的生长发育，秧苗生长的速度较快，单位时间生长的秧苗营养体就较大，而其能够使秧苗正常生长的时间也较短。

单位面积播种量较小的秧苗正常生长时间长于播种量大的秧苗。在相同的环境条件下，不同品种的秧苗生长速度存有差异：同一品种在不同的温度、光照及水肥条件下，秧苗生长速度也不同。这要视具体情况确定播量和适宜秧龄期，不能一概而论。

高产水稻的秧苗要求叶色浓绿，单株带蘖数多，根系发达。在日常的栽培条件下可以应用植物生长调节剂进行调控。例如，在1叶1心至2叶1心的秧苗期，施用150毫克/升15%的多效唑溶液可以抑制顶端优势，促进秧苗的根系和分蘖生长。多效唑后效期长，其用量和浓度要严格按照有关要求，以免造成药害。

秧苗生长需要较好的土壤肥力条件。较好的肥力条件下秧苗单位时间的营养体较大，达到一定生长量的时间较短。一般

而言，秧苗正常生长需要足量的腐熟农家肥和速效氮、磷、钾及一些微量元素（如锌等）。秧田的养分必须要保证秧苗生长的需要。

稻田土壤的通透性表明土壤的通透性程度和氧气含量。秧田的通透性好，氧化还原电位（Eh）高，嫌气条件产生的有毒物质（如 H_2S 等）少，而且容易分解，对秧苗的发育有益，秧苗生长才会更加健壮。如果土壤的通透性差，有毒物质容易积累，会对秧苗的根系造成一定程度的毒害，不利于秧苗的生长。

秧田的水源情况也对秧苗有重要的影响。灌溉水温低，则会阻碍秧苗正常生长，延缓秧苗生长的速度，应尽量避免用低温水（如冷凉的山泉水等）作为秧田的直接灌溉水源。对于只有冷凉山泉水的地方，建议在秧田附近先用一稻田蓄水，让其自然升温，再灌入秧田。由于秧田对水源的要求较高，因而需尽量应用水源较活的稻田。

第二节　机插稻

水稻机插是水稻传统栽培技术的一次革命。机械栽插是水稻生产机械化的重要内容，它不仅省工、节本，减轻劳动强度，提高劳动生产效率，改进作业质量，抵御自然灾害，增加水稻产量，而且对加快水稻生产规模化、产业化经营进程均具有重要意义。

一、机插稻生育特点及高产途径

（一）机插稻主要生育特点

机插水稻秧苗叶龄为 3～4 叶（小苗），部分超龄秧已为

4.1~4.5叶。与大面积人工常规栽插的6~8叶中（大）苗相比，在生长发育、器官建成与产量形成上，机插水稻有着自身鲜明的特点。

（二）生育期的变化

小苗机插是在同类麦茬上与手插中、大苗同时进行的。小苗秧田期缩短10~12天，本田期各生育期均有所推迟，成熟期仅迟5~10天，全生育期短5~10天。例如，盐粳2号机插稻全生育期为142天，比常规手插苗短6天，其中主要是生长阶段明显缩短，其次是营养生殖生长阶段，而生殖生长阶段表现较为稳定。

（三）机插稻高产途径

一是适期适当稀播培育适龄壮秧，缓解秧田密生生态压力。

二是控蘖优中，是提高后期生产能力的高产途径。大田通过精苗稳前，精确定量与稳定促进前期早发，及早控制无效分蘖，改善个体环境与生育状况，改善群体质量，增加中期生长量，形成足够数量的大穗，从而有效地增强群体后期生产能力。

三是改革肥水运筹。根据目标产量，在精确确定总施氮量条件下，前肥中移，基、蘖肥与穗肥比例为6：4。同时，改进水浆管理，及早多次轻搁田，控制无效分蘖，优化中期生长。

二、机插稻关键栽培技术

（一）品种选用

选择在当地生态条件下能安全成熟的生育期较长的高产优

质品种。

（二）壮秧培育技术

1. 机插壮秧标准

由于我国水稻品种类型多样，大的类别有常规籼稻、粳稻和杂交稻三类，每一类型中品种间株高、叶形亦有较大差异，但各地通用的机插小苗壮秧形态指标为秧苗整齐，秧龄 3.1~3.8 叶，苗高适中 12~18 厘米，苗基粗度较粗，发根数 12~15 条，根系健康有力，百株茎叶干重 2 克以上，叶片挺立有弹性，叶色鲜绿无病斑，无病虫害，秧苗发根力强，秧块盘根好，栽后活棵快，分蘖早。

2. 机插稻秧的秧龄与播期的确定

（1）秧龄的确定。一年两熟地区或高纬度地区，水稻生长季节紧张，在不影响秧苗素质前提下，机插秧苗秧龄期宜稍长，以充分利用秧苗期的温光资源和发掘长生育期品种的高产潜力。根据江苏省麦（油）稻两熟制度特点和机插秧的特性，并综合考虑茬口、温光资源的充分利用等，通常条件下江苏机插稻适宜秧龄为 3 叶 1 心期（3~4 叶）（一般为 15~20 天）。在特殊情况下，如超稀播，育秧采用化学调控措施或控制肥水，抑制秧苗高度，秧龄也可适当延长到 4 叶 1 心（25 天）。

（2）播期的确定。水稻机插小苗的播期主要受两方面因素的制约：一是前作让茬期和后作接茬期的可能与需要；二是根据温度变化而确定的最早播期和保证安全齐穗的最晚播期。我国稻作领域广阔，种植制度多样，品种类型也很多，全国各稻区机插稻播期的具体日期是不同的，但适期播种的原则是相同的。

①最早播期：在我国一年一熟的稻区和双季稻区早稻的机

插稻育秧，最受关注的是最早播期的问题。粳稻露地育秧最早播期为当地常年日平均气温稳定通过 10℃的初日，籼稻为当地常年日平均气温稳定通过 12℃的初日，因品种苗期的耐寒性强弱，尚可有较上述初日提早或推迟 3 天左右的变幅。机插小苗育秧大多数是塑料薄膜覆盖保温育秧，可比一般露地育秧的最早播期提早 5~7 天。

②最迟（安全）播期：在我国中部麦稻和油（菜）稻等一年两熟和双季晚稻，受前茬让茬的限制机插稻不能早播，而迟播则有可能不能安全齐穗，适播期短，生产中最受关注的是最迟（安全）播期问题。机插小苗与手栽 30~50 天秧龄的大苗同时移栽，小苗则要较大苗推迟 15~20 天播种，播期推迟后其播种至齐穗期所需的天数的变化，因品种类型和地域而有不同。

中、晚粳稻品种因其感光性强，迟播后其播期至齐穗期的天数缩短较多，而籼稻（华南一季晚籼和典型的双季后作稻品种除外）基本营养生长期长、感光性中等或弱，推迟播种后生育期缩短较少。以江苏省为例，中、晚粳品种播期从 5 月 5 日至 6 月 25 日间，播期每推迟 10 天，播种至齐穗的天数一般缩短 4~6 天；中籼稻播期每推迟 10 天，播种至齐穗期约缩短 2 天。

机插稻安全齐穗的温度指标与手栽稻相同，即粳稻为连续 3 天以上（含 3 天）日平均气温≤20℃的始日，籼稻为≤22℃的始日，并取 80%保证率的日期。根据上述指标大体可以概算出当地机插中、小苗育秧最迟播期的界限。

③适时播种期：适时播种，可以充分利用让茬前的适宜生长季节的温光资源，使秧苗在栽插前即能生出一定数量的叶、根，并按同步规律分化出健壮的根茎叶等器官原基，积累一定

的营养物质，为大田快发苗、早分蘖打好基础。各地机插稻具体品种的适播期范围，应根据当地分期播栽试验的产量和生育期的变化结果以及前茬收获期和后茬适宜播期而定。在适播期范围内，应与当地种植制度相适应，根据茬口、移栽期和品种安全高产的适宜机插秧龄等因素来确定，并根据机具、劳力和灌溉水等生产条件实施分期播种，以保证秧苗适龄移栽，不超秧龄。如江苏省苏中地区小麦茬口，稻秧移栽期为6月10—15日，3叶期移栽的适宜播期为5月25—30日，4叶期移栽的为5月20—25日；油菜茬口的稻秧移栽期为5月25—30日，3叶期稻秧移栽的适宜播期为5月10—15日，4叶期稻秧移栽的为5月5—10日。

（3）机插稻播种量的确定。培育壮秧，播量是关键。机插中小苗的播量（落谷密度）对成秧率、秧苗的素质、每穴苗数和缺穴率有很大影响，进而影响产量形成，播量是中、小苗育秧的关键技术之一。

播量与成苗率、苗质以及产量的关系密切。随着播量的增加，叠谷、重籽率增大，成苗率减小。机插双膜育秧在播量640~1 500克/米^{2}内，成苗率随播量的增加呈抛物线状下降，在较高的播量下随播量增加成苗率下降的速率更大。

落谷密度稀，每个苗所得到的营养空间大，秧苗干重增长快，秧苗干重滞增期推迟，苗体壮，秧龄弹性大。双膜育秧不同播量试验的结果表明，播后20天（秧龄3.8~4.1叶）3个较密播的处理苗干重开始不同程度下降，进入秧苗干重滞增期，苗质迅速变劣，而最稀播的处理苗干重仍在明显上升。稀播对促进单苗健壮的作用是十分明显的。

机插秧和手插秧秧床（田）落谷密度对产量的影响机制不一样，除秧苗素质外，缺穴率和每穴苗数对产量的形成有十

分重要的作用。稀播的苗虽个体健壮，但群体指标不能满足机插要求。同时，由于单位面积苗数少，漏插率高，缺穴率增加，每穴苗数减少，基本苗不足，以致最高茎蘖数和成穗数显著下降，最终不能取得较高的产量。

同一密度试验表明，在秧苗叶龄 3.0~3.2 时移栽的情况下，落谷密度为芽谷17 100粒/米^{2}的处理，因缺穴率高，苗数不足，以致穗数显著下降，产量也显著低于落谷密度较高的田块。播量过高，苗间通风透光差，苗高细弱，秧苗素质很差，产量也不高。

机插秧由于播种密度很大，在计算播量时应考虑千粒重的差异。即使设计秧苗密度相同，因品种不同千粒重差异，落谷量也就不同。如播种量为每平方米 27 000粒，千粒重 25 克的盘育秧为每盘 106 克，千粒重 27.5 克的为每盘 116 克，千粒重 30 克的为每盘 127 克，因此以落谷密度（粒/米^2）来表示播量更为科学合理（表 2-1）。

表 2-1　落谷密度与播量对应关系

落谷密度（粒/米^2）	播量［种子风干重，适时播种（克/盘）］		
	千粒重 25 克	千粒重 27.5 克	千粒重 30 克
17 000	67	73	80
22 000	86	95	103
27 000	106	116	127
32 000	125	138	151
37 000	145	160	174

随落谷密度增加，单位面积成苗数增多，漏插率降低，均匀度提高。播种密度要达到每平方米 32 000粒左右，机插小苗漏插率在 5%以下。

（4）软盘育秧技术。水稻软盘育秧是从工厂化育秧的实践中总结出来的育秧方式。这种育秧方式简便易行，成本较低，质量好，成功率高。

①播种准备：

备足营养土　取秋耕、冬翻、春耖休闲田的表层土粉碎过筛（4~6 毫米），按每亩大田 150 千克备足。每 100 千克细土加“壮秧剂”0.5 千克充分拌匀，起到培肥、调酸的作用（pH 值中性至微酸性）。

做好秧田　秧床选择：中等以上地力的稻田，灌排方便，阳光充足。少量（<1/3 公顷）育秧，选取水方便的农户菜地。床土培肥：就地培肥，早翻打匀（播前 60 天旋耕 3 次），适宜的土壤水分（土壤水分在土壤最大持水量 80%~85%）。用无机肥培肥，参考用量：每亩秧田施用氮、磷、钾高浓复合肥 50~70 千克或尿素 20~30 千克，过磷酸钙 40~80 千克（土壤 pH 值>8.0 取高限），氯化钾 15~30 千克。具体用量视取土田块的地力而定，菜园土培肥量要少，甚至不培肥。培肥后床土碱解氮含量 250~300 毫克/千克为宜。不宜用厩肥等有机肥培肥。按 1∶100 的比例准备好秧田，并严格按技术标准做好秧板。

备足秧盘　软盘按每亩大田 22~30 张备足，旧盘用前要消毒杀菌。

种子准备　水稻幼苗的生长主要依赖胚乳内贮藏的养分。充实饱满的种子芽齐苗壮，秧苗的第一叶较大（+10%~+15%）。所以，要备足饱满、发芽率高（90%以上）的种子。机插秧育苗时，谷种要用比重法选种。选种液的比重粳稻为 1.08~1.10（鲜鸡蛋浮出水面 2 分硬币大小），籼稻为 1.06~1.08（鲜鸡蛋勉强漂浮）。杂交稻谷种一般用清水漂选分沉、

浮两种选种液分别浸种催芽，以求同盘的谷种萌发与生长一致。选种后每5千克种子用25%施保克3毫升（2 000倍液）+10%吡虫啉10克（600~800倍液）浸种3天左右，防治恶苗病及稻蓟马、稻飞虱，播前种子要求达到破胸露白。

做好秧板　苗床板宽1.4~1.5米，沟宽20~30厘米，深20厘米。多次上水整田验平，高差不超过0.5厘米。排水沉实3~5天，用泥浆或细土，弥补裂缝后，放盘或铺底膜。

②精量播种：

铺盘　将软盘沿秧板长度方向并排对放，盘间紧密铺放，铺盘结束后，秧板四周加淤泥封好软盘横边，保证尺寸。

铺土　将床土均匀平整地铺放在软盘内。底土厚控制在2.0~2.5厘米。

喷水　均匀喷洒使底土水分饱和。

播种　播种质量直接关系秧苗素质和机插质量，为此要准确计算播量，即根据设计播种密度与种子千粒重、发芽率、成苗率、芽谷/干种比，精确算出每盘或单位面积芽谷播量，实行定量播种。

手播种　铺盘、铺土、洒水、播种、盖土五道工序为手工操作，关键是要控制好底土厚度（2.0~2.5厘米）；洇足底土水；按盘数逐板称芽谷播种（一般粳稻每盘播芽谷140~150克，杂交粳稻每盘播芽谷90克左右），如能确保在3.2叶期之前移栽，播量可增加15%~20%；坚持细播匀播。

机播种　播前要认真调试播种机，使盘内底土厚度稳定在2~2.5厘米；每盘播芽谷140~150克（指种子发芽率为90%时的用量，若发芽率超出或不足90%时，播量应相应减少或增加）；盖土厚度0.3~0.5厘米，以看不见芽谷为宜；洒水量控制在底土水分达饱和状态，盖土后10分钟内盘面干土应自

然吸湿无白面，播种结束后可直接脱盘于秧板，也可叠盘增温出芽后脱盘，做到紧密排放。

盖土　种子播好后立即盖未培肥的过筛细土，盖土厚度3~5厘米，以不见芽谷为宜。

③覆膜与秧田管理：

洇水　盖土后灌1次平沟水，湿润秧板后立即排出，以利于保湿促齐苗。

封膜、控温、保湿促齐苗　平盖农膜（膜下平放小竹竿）并将四周封严实后再在膜上加盖一层薄稻草，遮阴降温，确保膜内温度控制在35℃以内。

揭膜炼苗　此阶段主要防止高温伤芽，高温天气中午喷水于膜上降温，苗床温度控制在35℃以内，若有秧苗顶土困难，及时喷水淋溶土块。齐苗至1叶1心期应及时揭膜，并上水护苗。揭膜时间应选择在傍晚或阴天，避免在晴天烈日下揭膜。播后3~4天，齐苗后即可揭膜。揭膜后需灌1次平沟水，以弥补盘内水分不足。

肥料管理　在秧苗1叶1心时应及时施断奶肥，按每盘2克尿素于傍晚洒施，或按8千克/亩兑水1 000升浇施。施后要洒1遍清水，以防烧苗。栽前2天每盘用尿素3克做送嫁肥，并确保及时栽插。

水分管理　揭膜前保持盘面湿润不发白，缺水补水；揭膜后到2叶期前建立平沟水，使盘面湿润不发白，盘土含水又透气，以利于秧苗盘根；2~3叶期视天气勤灌跑马水，要前水不干后水不进，忌长期淹水灌溉造成烂根，移栽前3~4天，灌半沟水蹲苗，以利于机插。

化学调控技术　为防止秧苗旺长，控制秧苗高度以适应机插。对苗龄4叶期栽插的秧苗，秧苗1叶1心期每亩秧田可用

15%多效唑粉剂75~100克，兑水喷雾。

病虫防治　密切注意地下害虫、飞虱、稻蓟马及条纹叶枯病、稻瘟病的发生。机插前每亩苗床用75%稻瘟必克20克，加20%稻螟克星100克，加吡虫啉20克，兑水50升喷雾，防治稻瘟病、稻蓟马、一代螟虫、灰飞虱等病虫。防治蝼蛄可上水驱赶或用48%乐斯本150毫升，兑少量水拌干细土15~20千克，傍晚撒施。

（5）提高栽插质量。

①精细整地：机插整地的要求比手插高，要求田平、田面无麦茬等杂物、无僵垡土块。机插秧移栽时秧龄短，秧苗小，大田平整度要求高。通过旋耕机、水田驱动耙、秸秆还田机等耕整机械将田块进行耕整，达到田面平整，全田高低差不超过3厘米；田面“整洁”，无杂草杂物、无浮渣等；肥匀、磷肥可全量作基肥；氮肥可用全量的25%~30%，在旋耕前施下；钾肥可全量作基肥，亦可60%作基肥。表土上细下粗，上烂下实。为防止壅泥，水田整平后需沉实，沙质土沉实1天左右，壤土沉实1~2天，黏土沉实2~3天，待泥浆沉淀、表土软硬适中、作业时不陷机时，保持薄水机插。若季节和秧龄允许，整田完成后上水3~5厘米，施丁草胺等除草剂，保水4~5天后移栽，不但除草效果好，且植伤轻。

②精确栽插：适龄栽插，严格按计划秧龄（天）适时移栽。调整株、行距，使栽插密度符合设计的合理密度的要求。调节秧爪取秧面积，控制秧块面积，使栽插穴苗数符合计划栽插苗数。提高安装链箱质量，放松挂链，船头贴地，使插深合理并均一。

田间水深要适宜机插带土小苗，水深应在1~3厘米。水过深，易漂秧。栽插时要强调农机与农艺密切结合，严防漂

秧、伤秧、重插、漏插，把缺穴率控制在5%以内。

标准化秧块插秧机秧箱的宽度是固定的（一般为28.5厘米），育成的秧块宽度必须与秧箱的宽度相同。若秧块宽度小于标准尺寸，就不能完全填满秧箱，易造成秧爪抓空缺苗漏插的现象；若秧块大于标准尺寸，则上苗困难，秧块折起不能与秧箱紧密接触，易出现秧爪折苗伤苗现象，插后秧苗不能成活，造成缺苗。

培训机手，熟练操作插秧机行走规范，接行准确，减少漏插，提高均匀度，做到不漂秧、不淤秧、不勾秧、不伤秧。

③及时补苗：机插秧由于受到育秧质量、机械和整田质量等因素的影响，会存在一定空穴。因此，要留有部分秧苗，机插后及时进行人工补缺，以减小空穴率和提高均匀度，确保基本苗数。

（6）水浆管理。

①薄水栽插：移栽时水层深度1~2厘米，有利于清洗秧爪，不漂不倒不空插，具有防高温、蒸苗的效果。

②栽后7~10天：阴天湿润露田；晴天8—9时灌水护苗，以防高温伤苗，16时排水露田。

③活水促蘖：活棵后即进入分蘖期，这时应浅水勤灌，灌浅水1~3厘米，使其自然露干，田面夜间无深水，翌日上新水，即白天上水、夜间露田湿润的水浆管理，达到以水调肥，以水调气，以气促根，分蘖早生快发。

④适时搁田：机插分蘖势强，高峰苗来势猛，可适当提前到预计穗数的70%~80%时，自然断水落干搁田，反复多次轻搁至田中不陷脚，叶色落黄褪淡即可，以抑制无效分蘖并控制基部节间伸长，提高根系活力。切勿重搁，以免影响分蘖成穗。

⑤浅水孕穗：水稻孕穗至抽穗期需水量较大，应建立浅水层，以促进颖花分化发育和抽穗扬花。

⑥间歇灌溉：灌浆结实期间歇上水，干干湿湿，以利于养根保叶，防止青枯早衰。成熟前脱水不宜过早，以免影响灌浆，降低千粒重。一般要求收前 7 天左右停止灌溉，脱水。

（7）肥料运筹。

①施肥量：水稻所需的营养元素除施肥外，部分由土壤提供。同时，施用的肥料的养分也不可能全部被当季水稻吸收。因此施肥量可按下式计算：

施肥量 =（目标产量吸收养分量 - 土壤养分供给量）/［肥料元素含量（%）×肥料当季利用率（%）］

目前在中等肥力水平条件下，机插粳稻高产（650～700 千克/亩）亩需施氮肥纯 N 17.5～20 千克，同时要施磷肥 P_2O_5 6～7 千克、钾肥 K_2O 15～20 千克。基、蘖肥与穗肥的比例以 7∶3或 6∶4为宜，前期施肥少，往往会造成最高总茎蘖数不足，不利于形成足穗。土壤肥力水平较高的施肥量可略减少；反之要适当增加施肥量。

②氮肥运筹：在亩施同样氮量前提下，机插水稻基、蘖肥与穗肥（氮肥）按 6∶4 比例施用的，产量显著增加、品质较优，同时利于水稻氮素高效利用，提高肥料利用率。生产实践也证明，基、蘖肥 60%（其中基肥、蘖肥各占 30%），穗肥增加到 40%，是机插水稻高产优质的氮肥运筹模式。

③氮肥施用技术：

基肥　机插秧苗小前期需肥量小，降低基肥所占比例，磷肥全作基肥，氮肥 30%和钾肥 50%作基肥。

分蘖肥　机插秧栽时未带分蘖，栽后 10 天左右才开始分蘖。本田分蘖期长，分蘖肥要适当推迟施用，宜分 2 次追施：

第一次追蘖肥，在栽后 5~7 天始蘖期（15%植株见蘖）施用，每亩追 10%~15%氮肥；第二次分蘖肥，在栽后 15 天再追 20%~25%的氮肥。分次平衡追施，一般施尿素 5~7.5 千克/亩，若栽前未施除草剂，可在栽后 7 天左右将丁草胺等除草剂与尿素混合施用。在第一次追肥后 5~7 天补施平衡肥 1 次。

穗肥　穗肥施入氮肥总量的 40%，钾肥总量的 50%。钾肥在倒 4 叶期一次施用。氮肥分两次分别于倒 4、倒 3 叶期施用。第一次每亩尿素 10~15 千克，第二次氮素穗肥根据苗情可做适当增减，一般每亩尿素 10~15 千克，对缺肥的田块，群体小、叶色黄，预计穗数明显不足，穗肥则要早施重施。对于中期群体过大，拔节期叶色迟迟不褪淡显黄的田块，穗肥要迟施轻施，可在倒 3 叶期视苗情减量施用，或不可施用。

破口肥　不缺不施，有缺肥症状：缺氮，倒 2、倒 3 叶叶尖褪淡，甚至开始发黄；缺磷，叶片发暗，叶缘带有紫意。则可结合防治病虫害（防治稻瘟病、稻曲病、纵卷叶螟和褐飞虱等）每亩施尿素 0.5~1 千克，磷酸二氢钾 0.5 千克左右。

（8）草害和病虫综合防治。

①草害防治：机插稻秧苗小，缓苗期长，大田空间大，加之前期又以浅水层为主，光、温、水、气等条件有利于杂草滋生。对稗草、牛毛草等浅层杂草发生密度较高的田块，结合泥浆沉淀，耙地整地后每亩用 60%丁草胺乳油 100 毫升拌细土 20~25 千克均匀撒施，施后田内保持 3~6 厘米水层 3 天，封杀杂草。未进行栽前封杀杂草的田块，在栽插后 5~7 天结合施返青分蘖肥，使用除草剂化除，除草剂与氮肥一起拌湿润细土，堆闷 3~5 小时后撒施，化除后田间保持水层 5~7 天，水层以不淹没心叶为准。对进行栽前封杀处理的田块，若发生双子叶杂草、莎草科杂草为害，再使用苄嘧磺隆化学除草。

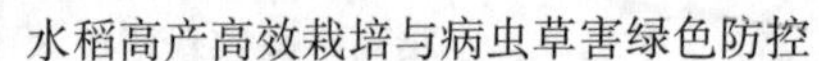

②病虫防治：大田生长期，必须及时抓好稻蓟马、灰飞虱及条纹叶枯病的防治工作，中期注意螟虫、纹枯病及稻瘟病、稻曲病的防治。

第三节　直播稻

一、直播稻概述

（一）直播稻的生产概念

直播稻是指直接将稻种播于本田而省去育秧、拔秧、插秧等环节的种植方式。按照播种前后的灌溉方式，直播稻可分为旱直播和水直播。同一直播类型中又可分机械条直播和人工直播。

由于直播稻生产省时、省力，而且播种利于机械化、效益高、操作方便，直播稻已被世界各个国家和地区广泛应用。近年来，随着我国社会经济的发展、劳动力的日益紧张和劳动力成本的提高，以及直播栽培技术的改进，特别是化学除草剂的广泛应用及农业机械化程度的提高，直播稻已在我国各稻区广泛应用。

（二）直播稻的技术优势

1. 节本增效

由于省工、省秧田，并减少了肥料投入（尿素 45~60 千克/公顷）等，每公顷可节省成本 450~600 元，效益增加750~1 200元。

2. 便于机械化、规模化种植

从整地、播种、化除一直到收获，可实现全程机械化作

业，便于水稻生产的规模化及农业结构的调整。机械直播是实现水稻直播的最有效手段，机械投资少、效益高、操作方便，它的推广将成为当前农业技术改革的新动向。

3. 省工、省力，劳动生产率高

由于直播稻减少了育秧、拔秧、插秧等环节，节省了育秧的用工和人工栽插时的拔秧、运秧、栽秧的用工，一般每公顷省工 15~25 个，劳动生产率提高 30%左右。减轻了务农人员的劳动强度，有利于缓解三夏大忙季节劳力紧张的矛盾。

4. 节省秧田，提高复种指数

由于直播稻不需要育秧，省去了育秧的秧田，有利于扩大大田播种面积，提高复种指数，增加经济效益。

二、直播稻的生育特点

（一）根系发达，集中分布于表土层

因直播稻直接在大田中发芽出苗，且播种较浅，有利于根系发生和生长。如在同等条件下，直播稻单株根数较移栽稻多，根系分布面较广，根重也大，但根系分布在表层土壤中，下扎较浅。直播稻分蘖节入土和根系分布均较浅，是其易倒伏的原因之一；同时，直播稻起始苗数大，中后期群体较大，通风透光条件差，容易造成基部 1~2 节间拉长、细嫩，在灌浆后期遇不利天气条件，很容易发生倒伏。

（二）株形矮小

直播稻群体偏大，削弱了个体生长发育，使茎秆变细，个体生产量较小，根量减少，根系活力降低。与同期栽培稻相比，主茎总叶数少，植株矮，穗型略小。

（三）直播稻的全生育期缩短，植株变矮，主茎叶片数减少

由于直播稻播种期较迟，加上浅植，土表环境状况良好，有利于发根和分蘖，加速了生育进程，因此全生育期有所缩短，以营养生长期缩短最显著，始穗至成熟天数变化较小。同时，直播稻的植株明显变矮，主茎叶片数减少。

（四）分蘖早而多，有效穗数高，成穗率低

由于直播稻播种浅，且无移栽过程，避免了移栽植伤等抑制生长的因素，秧苗生长在土壤表层，分蘖节全部露在表土，而且前期单株营养空间大，生长环境较好，有利于低位蘖的发生和生长。因而直播稻分蘖早，分蘖节位低，分蘖快而多，高峰苗数多且出现早，最终有效穗数多，但分蘖成穗率低。必须指出的是，大面积直播栽培的有效穗数不仅取决于分蘖发生数及其成穗率，还与播种量、成苗率等有关，而成苗率的高低又受耕作栽培措施所制约。因此，直播前应非常注重整地和播种质量，并在生育初期加强田间管理，争取苗全、苗匀、苗壮。

三、直播稻的主要栽培技术

直播稻的栽培，除选用优质高产生育期适宜品种外，保全苗、匀苗，防草害和抗倒伏是直播稻高产的主要问题。因此，生产中必须围绕良种、全苗、匀苗、除草和防倒伏 4 个方面采用有效措施。

（一）选用高产、优质、抗逆力强、生育期适宜的品种

1. 选用生育期适宜、成熟早的品种

由于水稻直播不仅受前茬收获期制约，而且受气候的影响较大，易造成闷种烂芽，因此直播稻播种期相对移栽稻要迟得

多，宜选用能保证直播稻正常安全成熟的品种。直播稻只要能安全齐穗，一般生育期长的品种产量潜力相对较大。由于直播稻不用秧田育秧，没有与前茬作物的共生期，只能在前茬收获离田后才能播种。据江苏苏中稻区调查表明，直播稻比常规移栽播种期要迟 20~25 天，营养生长期也相应缩短 7~15 天。为保证安全齐穗、灌浆成熟，宜选用生育期中等的中熟中粳品种，生育期长的早熟晚粳和迟熟中粳品种不宜直播。

2. 选用株形适中、分蘖力强、抗倒性能好的品种

在直播稻安全生育期适宜条件下，宜选用分蘖早、分蘖力中等、株形较紧凑、穗形大、茎秆粗壮、根系发达、抗逆能力强，特别是抗倒伏能力强的优质高产品种。

（二）确保整地质量和适时播种

1. 精细整地

精细整地是直播稻全苗的关键措施。近年来一些稻区大面积直播稻田耕整粗放，田面高低不平，沟系较差，播种技术掌握较难到位，经常出现播后淤种、漂种、烂芽及鸟雀为害等现象，直接影响种子的发芽和成苗，所以要精细整田到位。一是提高直播稻整地质量，精细整地，一般麦田收割旋耕灭茬，达到田面平整，无裸露的残茬、杂草等。二是全田要平，畦面高低相差不要超过 3 厘米。水直播田要早整水平，每块田内高低差在 5 厘米以内。这是直播水稻成败的关键因素之一。三是沟渠配套，一般每隔 2~3 米开一条畦沟，沟深 10~12 厘米，宽 20 厘米，沟沟相连，排灌水相通，也便于施肥、化学除草等田间管理。

2. 适时、抢早播种

根据当地气候、耕作制度、品种特性及灭除杂草等情况确

定具体播种适期，稻麦两熟地区，抢早适量播种是直播稻全苗、延长生育期、确保高产的技术关键。在麦（油）稻两熟制条件下，不仅要求前茬作物尽早收获，而且更强调水稻抢早播种，以延长营养生长期，增加植株生长量，提高产量。

（三）提高播种质量

1. 做好种子处理和催芽

播种前种谷必须经过选种、晒种、浸种、催芽等措施后才能播种。选种、去除枝梗、秕谷、草籽等杂物，为种谷均匀创造条件。晒种和浸种消毒（消毒药剂可选用10%浸种灵乳油）对排出种子内部的抑制发芽物质、打破休眠期、增强发芽势有良好的作用，催芽至种谷露白后即可播种，以确保播后芽前封闭化学除草的正常进行。

2. 精细播种和播后管理

杂交籼稻由于播种量较少，为提高播种匀度，可拌入2~2.5千克煮熟的哑谷。出苗后视苗情进行删密补稀，使田间不出现大的空缺。播种时带秤下田，按板定量，均匀播种，播后覆盖防露谷。

播后灌3天左右的浅水层，保证种子获得必需的水分。待稻种发芽后适时排水晾田，促进扎根立苗，若田面发白，出现小裂缝，再灌跑马水，保持田土湿润，到2叶2心后保持浅水以促分蘖。

（四）合理水浆管理

水浆管理上要做到适墒旱直播、土壤沉淀无水层水直播，湿润通气状态出苗。齐苗1叶1心后建立薄水层，利于化学除草。分蘖期保持浅水，以促分蘖。至田间总苗数达到预期穗数70%~80%时开始搁田，并多次轻搁，直搁至田土较硬，不陷

脚为止，防止分蘖过多，增加田间郁闭程度。抽穗前后期实行间歇灌溉，干湿交替，以利于促进发根、根系深扎、增强根系活力，壮秆，防止倒伏。齐穗后湿润灌溉，前期以湿为主，后期以干为主，以增加土壤通气性，达到养根保叶、提高结实率和千粒重的目的。

（五）控制杂草

1. 一年生杂草防治

直播稻前期的秧苗密度较低，田间维持湿润状态的环境，有利于田间湿生、沼生杂草的萌发生长，表现为出草早、草量多、出草时间长和威胁大，直播稻田难以以苗控草，而且苗期往往要炼苗扎根，建立水层后，有利于水生杂草发生，杂草种类多，而且杂草与水稻秧苗同步生长，且草相复杂，稍有疏忽很容易形成草害。实践证明，直播稻草害的防控，已成了直播稻能否成功的关键，而多数农户对“一封二杀三补”的化学除草技术不了解。

“一封”即在精细平整大田的基础上，做到“带浆、热田”人工撒播水稻种子。播后及时排干田面水，于2~4天内进行化学除草，每亩用60%草大帅40克或17%烽邦收50克兑水30升均匀喷雾。用药后必须保持田面湿润，严禁积水。也可在播种前4~5天，每亩用60%丁草胺乳油100毫升，或用96%禾大壮乳油125毫升，兑水30升喷雾，保持浅水层4~5天后排干水播种。

“二杀”即在稻苗3~4叶期建立薄水层，结合追肥每亩用53%苯·苄50克或10%丁·苄500~600克拌肥均匀撒施，筑好平水缺，保水4~5天，用药后心叶不能淹没在水中，防止药害。也可在秧苗2叶1心期，每亩用丁草胺100毫升，或用

禾大壮 125 毫升，兑水 30 升喷雾；或每亩用丁 · 苄 100 克左右拌细土撒施；或每亩用 50%神锄 30 克（或稻农乐 30 克、田青 40 克、直播净 20 克），兑水 30 升，放干田水喷施，隔 1 天后灌水，保水 4~5 天。3 叶 1 心后，每亩用 50%快杀稗可湿性粉剂 25~30 克，兑水 40 升喷雾，施后保水 4~5 天。同时，要注意防止鼠雀为害。除草剂种类很多，应用时一定要按说明书进行。如田间杂草较多，可视杂草群落选用对口除草剂进行杀草。以稗草为主的田块，每亩用 90.9%禾大壮乳油 100 毫升加 10%苄嘧磺隆可湿性粉剂 20 克，结合促蘖肥拌肥撒施，施药后保水 5~7 天；或每亩用 38%直播星 40~60 克，兑水 50 升，排干田水进行喷雾，药后 1~2 天复水。以千金子为主的田块，每亩用 38%千金乳油 50~80 毫升，兑水 50 升进行喷雾，喷药时排干田水，喷药后 5 天左右复水。

"三补"即根据田间草情而定，一般掌握在 7 月中旬水稻初搁田后上水时进行，每亩用 14%乙草净 40 克拌肥或毒土撒施，建立薄水层提高药效。也可在播后 25~40 天，秧苗 5~7 叶时，对阔叶杂草及莎草重的田块，排干田间积水，用二甲四氯加苯达松进行喷雾，隔天复水，保水 3~5 厘米水层，时间 5 天以上。

2. 杂草稻的防治

杂草稻，因其糙米呈红色，俗称红米稻。我国主要在直播稻田中发生。杂草稻成熟早、落粒性极强，能在田间地表自然条件下越冬，翌年自然萌发力很强，在少免耕直播田间生长优势明显，导致直播稻产量严重减产。据调查，在土层较浅（0.5 厘米）时，杂草稻出苗率较高，达 5%~11%，随着土层的加深（2 厘米），杂草稻的出苗率仍达 2%以上。

第一，坚持轮耕交替。为有效抑制自生杂草稻发生蔓延和

为害加重的势头，对于连续应用少免耕直播的稻田，每隔2~3年要深耕翻1次，这样可以有效地控制自生杂草稻的发生。

第二，在田间务必在杂草稻成熟前拔除。如发现田间杂草稻成熟落地，则当年秋播务必采取深耕或深旋。

（六）科学肥料运筹

针对直播稻的生产特点和分蘖成穗规律，为有效利用强势分蘖，培育壮秆大穗，总施肥量应根据品种特性、播种量以及土壤肥力水平高低来确定。其次，有机与无机相结合，氮、磷、钾相协调。在施肥方法上，采用促前、稳中、攻后的办法。氮肥中，基、蘖肥与穗肥比例以6∶4为宜，基肥占30%~40%，分蘖肥占10%~20%，穗肥占40%。磷、钾肥中，基肥占50%，穗肥占50%。施肥原则：前期施足基肥，3~4叶期早施分蘖肥，此后看苗补好分蘖肥，中期叶龄余数3.0~3.5叶时，看苗准确地重施好壮秆促花肥，叶龄余数1.5~0.5时，叶色显黄，不足群体可少量补肥。穗肥偏重于促花肥。

（七）化学调控

直播稻于拔节期（即抽穗前30天左右）喷施多效唑，可以控制水稻节间伸长，增加节间重量，降低株高，提高抗倒能力。一般于拔节期用300毫克/升多效唑溶液喷苗，可使水稻株高降低15%左右。

（八）防病治虫

直播稻病虫害发生和防治与移栽稻基本相同。但由于直播稻秧苗小，要抓好苗期稻蓟马和稻象甲、条纹叶枯病的防治；中后期群体较大，田间郁闭度高，易遭病虫为害，要特别注意中后期对纹枯病、三化螟和稻飞虱的防治，以免削弱植株本身的抗倒能力。

第四节　苗　期

水稻要想获得增产增收，培育壮苗是关键，为了给大田移栽提供无病害优质适龄壮苗，减少大田病虫害发生概率，确保丰产丰收，必须做好育苗期间的精细管理。

一、苗床温度管理

水稻在生长过程中，一般是高温长叶，低温长根。所以，在温度控制上应坚持促根生长的措施，严格控制温度。出苗前尽量保温，但是并不是温度越高越好，如果棚内温度达到36℃以上，也要采取降温措施，防止高温灼芽，播种后至1叶露尖，温度以保温为主。1叶1心期，温度最好控制在25~30℃，床外温度达到15℃以上时就应通风炼苗，夜间要防止霜冻和寒潮。2叶1心期，床内温度应保持在25~30℃，根据苗情和天气决定通风炼苗的时间，控制好床内温度，3叶期保持在20~22℃，最低温度不低于10℃。夜间气温偏低，应做好保温措施，使稻种在苗床上能正常生长发育。

在水稻出苗绿化后，就要揭掉地膜，揭膜前3~5天要通风，最好在早晨或晚上揭地膜，棚内外温差小，秧苗适应新的环境快。揭地膜后就可以进行小通风，通风达到各叶龄最低温度界限，要及时闭棚。随着叶龄的增长，通风炼苗时间相应延长，尤其在2.5叶期，温度不得超过25℃，高于25℃，要通风降温，防止出现早穗现象。在3叶期以后逐渐大通风，阴雨天夜间可不关闭通风口，逐渐达到昼揭夜盖，直到夜间也不盖农膜，晚霜以后撤掉农膜，等待插秧。

二、苗床水分管理

只要播种前浇透底水，出苗前一般不再补水，当苗出齐以后，一定要根据苗床水分情况浇一次水，注意不能灌水，以后随秧苗生长情况适当补水，例如秧苗早、晚叶片不吐水，午间新展开叶片卷曲，床土表面发白，这时候就可以补水，补水方式可以浇淋、沟水润灌或灌跑马水，灌后要及时排水。不要冷水灌床，会导致冷水僵苗，影响稻苗生长发育，补水时间应在早晨和16时以后进行。

秧苗的补水要根据秧苗不同生长阶段来决定补水量的多少，水长苗，旱长根，要想秧苗盘根好，必须控制苗床水分。秧苗只有在旱育状态下才能促进根系发育，特别是在插秧前2~3天，最好不要浇水，使秧苗根部保持旱育，促进秧苗根系的生长。

三、补肥

秧苗如果生长得比较矮小、细弱，根据实际情况，可以适当地补喷一些叶面肥，来促进秧苗的生长，在秧苗3叶期以后，如果出现秧苗发黄缺肥时，也要及时补肥。每100平方米苗床可用磷酸二氢钾或硫酸铵2~3千克，兑水100倍液叶面喷洒，喷肥以后要浇清水防止烧苗。

四、插秧前做到“三带”

在插秧前，应做好秧苗“三带”工作，一带土，能保证插秧质量，有利于秧苗快速返青成活；二带肥，每平方米苗床施磷酸二铵150克，然后浇水洗苗，能促进根系发育；三带药，每100平方米苗床用4克艾美乐兑水喷苗床预防潜叶蝇，

同时喷施75%三环唑或天丰素1 500倍液健身栽培。

第五节　分蘖拔节期

一、分蘖期

从插秧至拔节称为返青分蘖期。早熟品种为15~25天，中熟品种为25~30天，晚熟品种为30~40天。

（一）分蘖期管理要求

1. 积极促进前期分蘖

分蘖期生长的主要特点是分蘖的发生和成长，分蘖期是每亩穗数的定型期。在合理密植的基础上，每亩穗数多少，取决于分蘖多少。因此，促使分蘖早生快发，提高分蘖的成穗率，增多穗数，是分蘖期管理的主攻方向。要求到有效分蘖终止期，全田总茎数和预期穗数相近，上下不超过5万。

（1）分蘖成穗原理。因为分蘖是成穗的基础，但并不是所有分蘖都能成穗。分蘖能否成穗，主要取决于分蘖的出生早晚，取决于分蘖的独立生活能力。

根的发生与出叶相差3个叶位，即分蘖在长出3片叶时，开始发根；到4叶时，形成分蘖自己的独立根系。这种具有自己独立根系的分蘖，才具有独立生活能力，而只有1片叶或2片叶的分蘖所需主要养分需要主茎供应。到主茎拔节后，养料要用于长茎、长穗，很难再供应分蘖。因此，在主茎拔节前仅有1~2片叶的小分蘖，一般都将成为无效分蘖；具有3片叶（包括2叶1心）的分蘖，就有着成穗的可能；而具有4叶的分蘖，就有较大成穗把握。根据叶、蘖同伸规律，分蘖发生越

早，蘖位越低，分蘖上的叶片也就越多，发根便越好，独立营养性也就越强，成穗的把握也就越大。这就是为什么要积极促进前期分蘖的原因。

分蘖期每长出一叶需 5 天左右的时间，所以，在拔节前 15 天出现的分蘖才能长出 3 片叶子，才有可能成穗。这就是将拔节前 15 天作为有效分蘖终止期的生物学依据。一切增穗措施必须在拔节前 15 天发挥作用才能有效，也就是必须掌握在拔节前 15 天全田总茎数能够达到预期穗数。

（2）促进前期分蘖。水稻分蘖期，是水稻一生中叶片含氮量最高的时期，凡叶片中含氮量多的稻苗，分蘖及叶片就长得多而快。据中国科学院上海植物生理生态研究所调查，叶片含氮量为 3.05%的稻苗，单株平均仅有 0.68 个分蘖；含氮量为 3.21%的，有 1.01 个分蘖；含氮量 4.18%的，有 1.21 个分蘖。可见，氮素营养对水稻分蘖起着主导作用，充足的氮肥供给是促进分蘖的重要措施。晚熟品种要到分蘖盛期，叶色出现一次“黑”，叶色深绿，叶尖稍软，像水仙花一样；早、中熟品种分蘖期较短，要早追、重追氮肥，使之在插秧返青后，叶色迅速由黄转青绿，到有效分蘖终止期达到浓绿。

2. 适当控制后期分蘖

控制后期分蘖就是防止分蘖发过了头，这是分蘖期管理的另一重要方面。一般宜掌握最高分蘖期，亩最高总茎数控制在适宜穗数的 1.3~1.5 倍。

由于后期分蘖成穗的可能性很小，后生分蘖过多，不但减少母茎、母蘖体内的养分积累，影响将来长成壮秆大穗，而且会造成过早封行，群体郁闭，下部叶片早死，根系发育不良，带来早期倒伏和招致病虫为害等一系列恶果，所以必须给予适当控制。但是控制后期分蘖并不意味着完全不要后期分蘖。后

期分蘖虽然不易成穗，但它是母茎、母蘖健壮生长的标志。如果在有效分蘖终止期后不再发生分蘖，那就意味着母茎、母蘖营养状况不好，将会有一些有效分蘖转化为无效分蘖。所以，为了有效分蘖，适当有一部分后期分蘖还是必要的。掌握在有效分蘖终止期后，再发生相当于适宜穗数 30%～50%的分蘖比较合适。

促进分蘖的关键是给予稻苗充足的氮素供给. 提高叶片含氮量；与之相对，控制后期分蘖，关键是控制稻苗氮素供给，降低叶片含氮量。一般正常生长的稻株，到分蘖后期，叶色出现一次“黄”，叶片中的含氮量下降，光合作用制造的碳水化合物积累增多，并运输到叶鞘中贮存起来，供拔节时茎秆长粗。叶片中含氮量下降，碳水化合物积累增多，对新生器官的产生有抑制作用，因此分蘖便逐渐停止。如果分蘖末期叶色继续发“黑”，那就意味着氮素过剩，就会长出许多后期分蘖；同时，碳水化合物继续用于分蘖生长，积累不够，也不利于下一阶段茎秆长粗。

3. 正确把握叶色黑黄转换规律

水稻分蘖期出现一次“黑”，有利于促进前期分蘖；出现一次“黄”，有利于控制后期分蘖。一“黑”、一“黄”是前期分蘖和后期分蘖的统一。但是品种不同，“黑”“黄”出现的时期和程度也不一样。生育期长的晚熟品种，一“黑”出现在分蘖盛期，一“黄”出现在分蘖末期；早、中熟品种叶色黑得快，黄得晚，到拔节时才褪至淡绿色，出现所谓的“拔节黄”。这主要是因为晚熟品种分蘖期长，在促进与控制的矛盾中，控制是主要的，所以黑得浅而迟，黄得早而深；早、中熟品种分蘖期短，促进分蘖是矛盾的主要方面，所以黑得早些、深些，黄得晚些、浅些。

（二）分蘖期管理措施

1. 早施促蘖肥、酌情施保蘖肥

早施速效性氮肥，使叶色逐渐转黑，是促进前期分蘖的主要措施。据研究，同样亩施 7.5 千克尿素，早施才能达到增多穗数的目的，迟施总分蘖数虽然有所增加，但有效分蘖数下降，成穗数减少，并使出穗推迟，穗亦变小（表 2-2）。

表 2-2　中早熟品种金珠 1 号追肥时期试验

追肥时间（插秧后天数）	分蘖		有效穗（万/亩）	每穗实粒数
	最高分蘖（万/亩）	有效分蘖（%）		
7	42.5	75.8	32.21	81.42
14	42.83	64.6	27.67	74.14
21	42.87	61.7	26.43	75.71
28	49.33	51.6	25.46	72.14

促蘖肥适宜施用的时间，原则上应在分蘖始期，而不能迟于有效分蘖终止期。由于施肥后 4～5 天才能见效，所以促蘖肥必须最晚在拔节前 20 天以前施下方能见效。早熟品种分蘖期短，促蘖肥必须在插秧后 5～7 天内一次性施足，达到“一哄而起”的效果。中熟品种要求“前期哄得起、中期稳得住、后期健而壮”，促蘖肥要在返青后抓紧早施、重施。晚熟品种生育期长，分蘖时间长，营养生长易于繁茂，要求“早生稳长、前期不疯、后期不衰”，故促蘖肥一般宜在插秧后 10～15 天适量施用，为后期促进留有余地。

到有效分蘖期末，如果全田总茎数和预期穗数相比相差 5 万以上，宜酌量施用保蘖肥，促进分蘖平稳生长。

2. 寸水活棵，浅水攻蘖

水稻插秧时为了便于浅插，一般实行薄水插秧。插秧后便适当加深水层，减少叶面蒸发，减轻植物损伤，以利返青成活。但也不宜过深，以免淹死下部叶片，降低土温，影响发根。一般以 3~5 厘米为宜，所谓“寸水活棵”。

在秧苗返青后，要立即将水层放浅到 1.5~3.3 厘米，以利分蘖和发根。分蘖的发生和根系的生长都与温度有密切关系。在一定范围内，分蘖的快慢和发根的多少，几乎和温度的升降成平行关系。浅水灌溉有利于提高水温、土温，增加土壤中有效养分，并使分蘖节地带的氧气和光照较为充足，因而可以显著促进分蘖、发根。

分蘖期一方面要求浅灌，另一方面也要求绝不能断水。群众有“黄秧搁一搁，到老不发作”的经验，所以，必须做到浅水勤灌。

3. 中耕

追肥后要紧接中耕，把肥料混入土中。因为水稻吸收肥料以铵态氮为主，铵态氮施入稻田后，如不紧接中耕，留在稻田表层的氧化层中，就被氧化成硝态氮，渗到还原层中，就会引起反硝化作用而造成脱氮损失。通过中耕，将铵态氮混入还原层中，便不易损失，也利于稻根吸收。

分蘖期一般中耕 2~3 次，除净杂草，改善土壤通气状况，促使土、肥、水相融，以利分蘖、发根。

4. 晒田

在分蘖末期，幼穗分化之前，进行排水晒田，限制秧苗对肥水吸收，达到适当“落黄”的长相。作用是：促使后生分蘖迅速消亡，使养分集中向有效分蘖积累，提高分蘖成穗率；

适当抑制地上部分生长，使碳水化合物在茎秆和叶鞘中积累，增加茎秆和叶鞘中半纤维素含量，增强抗倒伏能力；促进根部发育，提高根系活力；疏通土壤空气，排出土壤中的有毒物质，改善土壤供肥性能。

晒田要掌握以下几个原则。

一是“够苗晒田”。当全田总茎数达到适宜穗数的 1.2 倍以上时就要晒田。

二是“看禾晒田”。如果稻苗生长旺，长势猛，叶色浓，有徒长现象时，宜早晒、重晒；如果生长慢，叶色淡，应迟晒、轻晒。

三是“时到晒田”。早、中熟品种到幼穗开始分化时，晚熟品种到有效分蘖终止期，即使没有“够苗”，也要晒田。

四是看土壤情况晒田。稻田土质烂、泥脚深时，应早晒、重晒；低洼田、冷浸田，即使稻田长势不旺、发苗不够，也应及早排水，轻度晒田；对通气好的沙土田、新开稻田则轻晒或不晒。

重度盐碱地晒田容易引起返盐，保水不良的新开稻田晒田会加重渗漏，对此可采用“深水淹蘖”的办法抑制后期分蘖。水深以 10 厘米左右为宜，时间不宜过长，一般不应超过 10 天，以免引起基部节间过度伸长，引起倒伏。

二、拔节期

在分蘖高峰期前后一段时间内，直到水稻开始抽穗后，水稻才开始停止拔节生长，所以这个阶段为拔节长穗期。这一阶段对于水稻生产极为重要。

（一）科学灌水

在水稻拔节长穗期对于水分的需求极大，特别在减数分裂

期，因此在拔节长穗期要保证田间有充足的水分。但在这个时期，一般是高温时期，微生物活跃，有机物分解加快，会导致水体的溶氧被快速消耗，极易导致有毒物质累积，加上缺氧，易使水稻的根系生长受到抑制，所以不宜长时间地进行深水灌溉。因此这时间段应该在掌握正确的灌水方法，在拔节前期要适当地放水晒田，控制分蘖，还有利于病虫害防治，而到了后期则要保持一定的水深，满足生长所需，而其他时间段则保持土壤湿润或有一层浅水即可。

（二）合理施肥

拔节长穗期是水稻快速生长的时期，需要足够的肥力来促进其顺利生长，可分为促花肥和保花肥。一般情况下，促花肥在抽穗 1 月前施用，而保花肥则在抽穗前半月进行，但还是要看水稻的长势而定，不可盲目的施肥。如果在前期水稻长势较弱，叶色发黄，这时可施用适量的尿素作促花肥，使穗数增多，如果长势好，叶色翠绿，就无须施用促花肥，否则引起贪青晚熟和倒伏。而保花肥只要是长势较正常的田间，就需施用，一般施用硫酸钾和尿素，满足幼穗的生长所需。

（三）田间管理

在此期间病虫害防治工作必不可少，水稻在拔节长穗期的病害主要是稻瘟病、白叶枯病、条纹叶枯病、稻曲病等，这些病害可去农资超市购买相对应药剂防治；主要虫害有螟虫、飞虱等，可用通用杀虫剂喷杀。此外，除了病虫害，还有鼠害以及各种杂草，拔节长穗期也正是杂草生长旺盛期，它们会抢占水稻生长的养分，使水稻生长变弱。同时，加大田间密度，容易引发病虫害。在拔节长穗期发现鼠害，要及时投放灭鼠毒饵防治，否则鼠害严重时会导致颗粒无收。

第六节　抽穗扬花期

抽穗杨花期是水稻生长最关键的时期，它关系水稻的产量和质量，如果这时管理不当，可能会引发减产或绝收现象。

一、水的管理

水稻抽穗杨花期是需水量最多的时期，对于水分极为敏感，一定要保证有充足的水分，最低要保持 3 厘米深的水位，才能使水稻加快对养分的吸收和运转，加大光合作用，促进颖花分化。在低温或高温地区，可适当加深水位，调节温度，避免因温度的高低而影响抽穗。在扬花期时不能长时间深水管理，否则会造成根系早衰，所以这时一般保持土壤湿润，促进水稻健壮生长。

二、施肥管理

水稻抽穗杨花期关系产量和品质，所以施肥时要格外注意，要巧施穗肥，搭配施用氮磷钾肥，根据水稻品种、气候、土壤等情况施肥。早熟品种一般不用施穗肥，中迟熟品种则要适当的施穗肥。施穗肥时要特别注意肥力较低且保肥力较差的沙土地，另外，在孕穗期二黑不显著，可施保花肥，提高结实率，如果叶面出现发黄等症状，可补施叶面肥，防止叶片早衰，实现高产目的。

三、病虫害的防治

在水稻抽穗扬花期的病虫害防治工作必不可少，主要病害有纹枯病、稻瘟病、稻曲病、白叶枯病等，虫害主要有稻飞

虱、稻纵卷叶虫、螟虫等。采取农业防治技术和生态防治技术相结合，病害以预防为主，虫害可采用诱杀、捕捉以及利用天敌防治，尽量少使用药剂，就算到病虫害严重时，迫不得已，也应选择高效、环保型农药，掌握药剂施用量和施用方法，进行治疗。

四、合理用药

一般在使用药剂时，按照药剂的使用说明使用推荐药剂、适用时间和方法，一般是不会造成药物残留，但如果未按规定进行，过量、多次的施用，就会使药物残留超标，危害人们身体健康。在水稻抽穗扬花期，对于药剂极为敏感，这时如果不合理的喷洒浓度较高的杀菌、除虫药剂，会造成生长畸形，水稻花粉败育，导致绝收。所以药剂的使用一定要严格遵守农药安全使用标准和农药合理使用准则，合理用药。

第七节　灌浆结实期

一、灌浆期

（一）落实以低温冷害为主的防灾减灾措施

水稻灌浆结实期常遇到极端高温、异常低温、台风和暴雨等极端天气影响。灌浆期如连续 3 天以上日最高气温超过 35℃时，就会形成高温热害，造成授粉不良，空秕粒增加，应及时采取日灌夜排的灌水方式，或通过根外追肥的方法，调节田间小气候，改善植株生理功能，减轻高温热害影响。抽穗扬花或灌浆期如遇 20℃以下低温，会使抽穗速度减慢，严重的将产生包颈穗现象，开花期延迟，甚至不能开花或闭花授粉，

结实率大幅下降，低温后突遇高温还会导致青枯死苗发生。因此，低温来临时应及时采取灌深水、喷施叶面肥、保温剂等措施，减轻低温危害，防止青枯死苗。各地要密切关注气象信息，做好防灾减灾技术预案，落实关键技术措施，努力减轻灾害造成的损失。

（二）坚持适期收获，确保增产增收

适期收获是水稻丰产的基础。收割过早，青米多、出米率低；过迟容易落粒，产量有损失。一般要求在水稻灌浆结实的黄熟末期或完熟初期（稻谷含水量20%～25%）是收获适期，也就是稻谷有85%～90%变成金黄色，穗枝梗已经变黄时即可适时收获。但事实上由于病虫害连年重发、农民偏重于栽培方式的轻简化，导致水稻区域化种植、规模化生产实际水平下降，在同一区域内使用的品种多、播栽方式复杂多样已司空见惯，不但带来了管理上的难度，而且在生育进程上快慢不一致，水稻成熟期不一致。最近几年水稻机械化收割比例越来越大，机收的特点就是成片成方收割，造成少数田块出现割青现象，造成产量损失，据典型田块割方调查，提前3～4天收割，亩产可损失23.1千克；提前5～6天收割，亩可损失44.5千克。因此，在收割机械动力充足的前提下，不要盲目抢割，同时在翌年的品种布局上、栽培方式要及早规划，力争统一。

（三）科学水浆管理

水浆管理是实现养根保叶、防止青枯逼熟和早衰的有效措施。水稻孕穗期、破口抽穗期对水分要求较高，是生理需水最旺盛的时期，稻田的蒸腾最大的时期，需要有足够的水分保证。同样在水稻灌浆结实阶段也是水稻一生中对水比较敏感时期，水分不足会影响叶片（生产车间）的生产能力（水是生

产原料）和灌浆物质的输送（水是运输的载体），造成灌浆不足，减产严重。但水分过多，长期浸水，也不利于根系生长，活力下降。在水稻生长后期，同时随着稻株下部的叶片的陆续枯死，地上部叶片向根系供氧的能力也明显下降，只有依靠土壤供给。2020年受7月下旬以来的低温阴雨寡照和“莫拉克”台风影响，多数稻田搁田效果差，植株基部节间拉长、充实度不够、根系分布浅，后期倒伏风险较大。因此，2020年水稻灌浆结实期的水浆管理更为重要，为了提高根系活力，促使叶片光合作用和灌浆物质的顺利运输、减轻病害，在水稻抽穗后一直到成熟，水浆管理上应坚持间隙灌溉的水管方式，也就是灌一次浅水，2~3天田间自然落干，湿润2~3天，再上新水，但要防止田土发白，俗话“后期白一白，产量差一百”。通过间歇灌溉、干湿交替，能起到以水调肥，以气养根，以根保叶，达到籽粒饱满、提高产量的目的。同时强调的是稻田后期断水不能过早，一般要求在成熟前5~7天断水待收，断水过早，茎叶早枯，影响米质和粒重，俗话说“多灌一次水，多长一层皮”，说明后期断水迟早对水稻粒重的影响。

（四）推广叶面喷肥为主的粒肥施用技术

齐穗后的追肥也就是粒肥，粒肥的施用作用就是增加上部功能叶的氮素水平，提高叶片的光合能力，延长叶片的功能期，维持根系活力，提高谷粒蛋白质含量，防止早衰，增进粒重。我国农民早有“粪勺稻头响，还有五斗粮”的实践经验。一般来讲，不少农户有施用破口肥的习惯，灌浆期粒肥的施用要看苗、因田制宜。对于促花肥施用早、未施用保花肥、水稻叶色落黄明显的田块，应尽早追施粒肥。对于大部分已施用保花肥或破口肥，叶色较深田块，可采取根外追肥，在灌浆初期采用叶面喷肥或喷施生长调节剂等手段，补

充营养，防止早衰、促进叶片的光合能力和加速养分向籽粒转化，喷肥时间以15时以后较为安全。具体方法：一是水稻后期喷施氮肥，可延长功能叶寿命，防止脱氮早衰。在灌浆初期喷施1%的尿素溶液（可亩用尿素0.5~1千克、每千克加水100千克，溶解后均匀喷施），如与3 000~4 000倍的赤霉酸调节剂混合喷施效果更好。二是喷磷钾肥，可提高结实率和千粒重，促进早熟。抽穗至灌浆期喷2次2%的过磷酸钙溶液（每亩可用过磷酸钙1~2千克，每千克加水50千克，边倒边拌，经24小时过滤去渣后）或高效硝铵复合肥0.5~0.75千克，加0.1%~0.2%的磷酸二氢钾，兑水60~75千克喷施，在缺氮田块可在配制好的磷肥溶液中添加适量尿素混喷。也可喷施磷酸二氢钾，亩用磷酸二氢钾150克加1~2克赤霉酸，加水50千克稀释后均匀喷布，可促进抽穗整齐，减少包颈，增产效果显著。三是推广生长调节剂。所有示范方，或后期根系衰老较快，肥料供应不足、有缺素症状的田块可适时喷施春泉883或惠满丰等生长调节剂，改善根系活力和叶片光合功能，促进光合产物向籽粒转运。

二、结实期

水稻从抽穗至成熟称为结实期，这是决定每穗粒数和粒重，最终形成产量的时期，一般早熟品种25~30天，中熟品种30~35天，晚熟品种40~45天。

（一）结实期管理要求

1. 防止空壳秕粒

（1）空壳形成原因及预防。空壳是稻花的生殖器官发育不正常或在受精过程中遇到障碍而没有完成受精的谷粒。这样

的谷粒，内外颖发育完整，但子房不膨大，剥开谷壳，其中没有米粒，所以也叫不实粒。

水稻在正常情况下，空壳率不超过5%。大量空壳出现的原因如下。

①在幼穗分化期遇到了低温，不能安全穗分化：水稻在花粉母细胞减数分裂期间（剑叶与倒2叶的叶枕距-10~10厘米）对温度非常敏感。这时适宜的温度为25~32℃，如果遇上5天以上最低气温在17℃以下的天气，就会影响花粉粒正常发育，导致大量空壳。

②抽穗扬花期遇到了低温，不能安全齐穗：水稻开花的最适温度为30~32℃，最低温度为15℃。如果日平均气温低于20℃，日最高气温低于23℃，开花就减少，或虽开花而不授粉，形成空壳。

③抽穗扬花期的空气湿度过大或过小：一般空气相对湿度70%~80%对出穗开花最有利。如果空气相对湿度低于50%，花药就会干枯，花丝不能伸长，甚至穗子抽不出来。但湿度过大，对开花受精也不利，如开花期遇到暴雨或连阴雨，受精率明显降低，空壳率就会上升。

（2）秕粒形成原因及预防。秕粒的内外颖完整，子房或胚乳已有不同程度的膨大，但中途停止发育，或在灌浆过程中胚乳停止生长，以及米粒未成熟而死亡，造成半秕或死米。栽培上，凡米粒充实程度达不到2/3的，都称作秕米。

温度是形成秕粒的重要原因之一。一般认为，日平均温度20~22℃，昼夜温差大，最适宜粳稻灌浆结实；日平均温度15℃以下，米粒灌浆就很困难。温度对灌浆影响最敏感的时期是乳熟期，即抽穗后10~15天内，这个时期遇上低温，空秕率将会大幅度增加。高温对灌浆也不利。

造成秕粒的最重要的因素是稻株制造积累养分的能力不足。如叶片早衰或贪青晚熟，以及倒伏和病虫为害等影响养分的制造和积累，都能造成结粒不饱。

2. 促进粒大粒饱

谷粒的大小、轻重，是由谷壳的贮藏能力（即“库”的大小）和灌浆物质的供应能力（即“源”的大小）两个因素决定的。因此，促进粒大粒饱的主要途径有以下几点。

（1）增大谷壳库容体积。谷壳是米粒灌浆的容器，谷壳越大，米粒越大。谷壳的长度和糙米的千粒重具有高度正相关性（$r=0.91$），所以要增大谷粒，首先要增大谷壳。

谷壳的大小主要取决于小穗分化期的营养条件，特别是在减数分裂期，小穗急剧伸长时的营养条件对谷壳大小有决定性影响。因此，单位面积上的小穗数要适当。如果小穗数少、穗小粒少，固然达不到高产；如果小穗数目过多，在减数分裂期，小穗急剧伸长时营养供应不足，不仅造成小穗败育，成长的小穗也发育不良，谷壳变小，使结实率和千粒重都显著下降。

（2）增多灌浆物质来源。谷壳大小只是决定谷粒大小的容器，要确保粒大、粒饱，还必须有充足的灌浆物质来源使其内容充实。米粒中的灌浆物质，大部分来自出穗后的光合作用产物。水稻出穗后，叶面积不会再增加，只会因衰老而减少。如果叶面积减少过快，光合量下降，就减少了灌浆物质来源。所以，保护叶片，延长其寿命，提高其光合效率，是促进粒大、粒饱的关键。提高叶片含氮量，则又是结实期保叶的关键。据研究，在整个灌浆结实过程中，茎叶输送给米粒的氮素和糖几乎始终是平行的，即氮素、糖始终按一定的比例进入谷粒。但是，由于结实期稻株的吸收能力下降，因而往往造成结

实期稻株氮源不足。在这种情况下，进入谷粒中的大部分氮素是叶片及叶鞘中贮藏的氮素。这样就造成了叶片含氮量的迅速下降，过早发黄枯死，使叶面积不断减少，削弱稻株光合作用的能力。因此，补充氮源，延长叶片寿命，提高叶片光合能力，是促进粒多、粒饱的重要措施之一。一般要保证抽穗后10~20天内，每个单茎早熟品种有3片绿叶，中、晚熟品种有4片绿叶，才能确保高产。

增加灌浆物质来源的另一个重要方面是保持根活力，防止早衰。一方面，结实期根系活力下降，根量增加很少，死一根少一根，就必然会影响叶的寿命和叶的光合作用，即“根死叶枯”；另一方面，到了结实期，供应根系养分的稻株下部叶片陆续死亡，地上部分供应根系养分和氧气的能力明显下降，必然导致根系早衰，即“叶死根枯”。根、叶相互影响，进一步加速了根系衰老、叶片光合能力的衰退。保根、护叶是辩证的统一，在结实期保根是矛盾的主要方面，即所谓“养根保叶”。

（二）结实期管理措施

1. 活水养稻

在出穗扬花期间，田间需保持一定水层，以平衡温度，提高空气湿度，利于开花授粉。在灌浆期，要采取干干湿湿、以湿为主的灌水方法，就是在灌一次浅水后，自然落干1~2天，再灌下一次水。这样水气交替，可以达到以气养根、以水保叶的目的，有利于促进灌浆，防止早衰。

在蜡熟期，要采取干干湿湿、以干为主的灌水方法，即再灌一次浅水后，自然落干3~4天，再行灌水。这样可以增加土壤通气性，提高根部活力，有利于结粒饱满。

后期不宜断水过早，以免发生早衰青枯，一般宜根据土壤

情况，到收割前5~7天将水放干。

2. 酌施粒肥

在出穗后，如果叶色过早落黄，可以施用少量速效氮肥，缓和叶片衰老，提高叶片功能，有利于籽粒充实。但粒肥数量不宜多，生长正常的可不施，以免引起贪青晚熟。

3. 适时收获

水稻适宜收获的时间是蜡熟末期至完熟初期。这时谷粒大部分变黄色，稻穗上部1/3枝梗变干枯，穗基部变黄色，全穗外观失去绿色，茎叶颜色变黄。但在水肥过大情况下，或因品种特性不同，会出现谷粒虽已变黄，部分茎叶仍还呈绿色的现象，也应该及时收割。

第三章　水稻病害绿色防控技术

第一节　水稻立枯病

一、症状及病因

水稻立枯病多发生在育苗的中后期，立枯病主要为害幼苗茎基部或地下根部，初为椭圆形或不规则暗褐色病斑，病苗早期白天萎蔫，夜间恢复，病部逐渐凹陷、溢缩，当病斑扩大绕茎一周时，最后干枯死亡，但不倒伏。

轻病株仅见褐色凹陷病斑而不枯死。苗床湿度大时，病部可见不甚明显的淡褐色蛛丝状霉层。

病菌以菌丝体和菌核在土壤中或病组织上越冬，腐生性较强，一般可在土壤中存活 2～3 年。病菌生长发育适温 20～24℃，12℃以下或 30℃以上病菌生长受到抑制。病菌通过雨水、流水、带菌的堆肥及农具等传播。多在苗期床温较高或育苗后期发生，阴雨多湿、土壤过黏、重茬发病重。播种过密、温度过高易诱发本病。

二、防治方法

（一）选种浸种

用盐水选种，并用 60℃温汤浸种处理 10 分钟。

（二）适期播种

播种密度不应过大，以芽籽400克/平方米为宜。

（三）床土处理

选地势高和地面平坦的地方做苗床，床土要选有机质含量高、肥沃、疏松、中性或偏酸性土壤。采取食用醋精配制酸化水的调酸措施，把苗床土的pH值控制在4.5~5.5。

（四）苗床管理

做好防寒、保温、通风、炼苗等苗期管理，培育壮秧。出苗前棚内温度保持在30~32℃；1叶1心时以控温控湿为主，棚内温度保持在20~25℃；2叶1心时，晴天10时至16时30分打开棚膜通风炼苗，阴天中午打开棚膜1~2小时，雨天打开棚膜换气，但棚内温度不能低于12℃，否则易诱发立枯病；3叶1心期温度不超过25℃，土壤水分充足，但不能过湿，白天应揭膜通风炼苗，夜间如果无霜冻也要揭棚膜经受低温炼苗。如床土pH值偏高，应浇酸化水使床土pH值保持在4.5~5.5。

（五）生物药剂防治

秧苗1叶1心至2叶1心期，可用1 000亿个/克芽孢杆菌粉剂兑水1 000倍喷雾1~2次，间隔5~7天。

第二节　水稻黄枯病

一、症状及病因

水稻黄枯病是生理性病害，幼苗初发病时，早晨顶端无水珠，幼叶自叶尖发黄并向下蔓延，全株叶片变黄褐枯死，而新

叶尚留有少许绿色，幼茎枯黄但无病斑。根生长差，数量少，逐渐发锈，后期全株枯死。稻苗在持续低温下幼根细胞容易死亡，特别是顶端细胞，最后造成整个根死亡。叶片在持续低温下光合作用减弱，甚至叶绿素从叶绿体的蛋白质水解而游离以致叶片枯死。寒潮低温后易发病；小棚或直接覆膜育苗易发病；地势低洼土壤冷凉或管理差易发病。

二、防治方法

苗床应选择在背风向阳、地下水位不高的地方。

床土 pH 值用食用醋精酸化水调整至 4.5~5.5；发病后应浇 pH 值 3.0~4.0 食用醋精酸化水 1~2 次，并用清水洗苗。

寒潮来临应积极防寒。

第三节　水稻青枯病

一、症状及病因

秧苗在离乳期时，养分来源处于转折点，持续低温转高温时，因温差过大，秧苗素质弱，根系衰弱，苗体失水所致，心叶青绿针状，随后全株叶片紧缩纵卷青枯，初期暗绿色，继而萎蔫枯死，茎基横断面呈浅黄色，根部表皮易脱落，根毛少，叶尖吐水少或不吐水。

二、防治方法

要早期炼苗，提高秧苗素质，当低温转晴时，提早通风，及时浇食用醋精酸化水，病情严重时，提早移栽，改善环境，促进康复。

第四节　干尖线虫病

一、症状

干尖线虫病主要为害叶片和穗部，水稻孕穗后症状明显，叶尖褪绿呈半透明，扭曲成纸捻状。水稻成熟期穗部变褐直立，穗小粒少，颖壳松裂，露出米粒。将稻谷颖壳用镊子捏碎，或将稻苗生长点剪碎，置于表面皿上加少量水，其上游离出的线虫可用12~25倍解剖镜观察。

有些品种干尖线虫病不表现症状，但产量降低。

二、发病规律

干尖线虫以幼虫或成虫在谷粒颖壳中越冬，在土壤中不能越冬。翌年播种后线虫复苏，或直接侵入寄主的芽尖，或游离于土壤溶液中，遇到幼芽，从芽鞘缝隙侵入幼苗生长点、叶芽细胞外，刺吸细胞液，致使叶形成干尖。

三、防治措施

1. 加强检疫

不从病区调运种子；种子田中发现病株，该田中的种子需报废。

2. 搞好种子药剂处理

用药剂浸种是杀灭颖壳中线虫的最佳方法，一旦错过这个时期，线虫进入生长点就很难用药防治。一般选用10%二硫氰基甲烷（浸种灵）3 000倍液常温浸种3~4天；也可选用

16%的咪鲜胺·杀螟丹400~600倍液，浸种80小时以上（4月中旬水温10℃时）。

第五节　稻瘟病

一、症状

稻瘟病因为为害时期及部位不同分为苗瘟、叶瘟、节瘟、穗颈瘟、谷粒瘟。

苗瘟发生于3叶前，由种子带菌所致。病苗基部灰黑，上部变褐，卷缩而死，湿度较大时病部产生大量灰黑色霉层。

叶瘟在整个生育期都能发生。分蘖至拔节期为害较重。由于气候条件和品种抗病性不同，病斑分为4种类型。

慢性型病斑：开始在叶上产生暗绿色小斑，渐扩大为梭菜斑，常有延伸的褐色坏死线。病斑中央灰白色，边缘褐色，外有淡黄色晕圈，叶背有灰色霉层，病斑较多时连片形成不规则大斑，这种病斑发展较慢。

急性型病斑：在感病品种上形成暗绿色近圆形或椭圆形病斑，叶片两面都产生褐色霉层，条件不适应发病时转变为慢性型病斑。

白点型病斑：感病的嫩叶发病后，产生白色近圆形小斑，不产生孢子，气候条件利其扩展时，可转为急性型病斑。

褐点型病斑：多在高抗品种或老叶上，产生针尖大小的褐点，只产生于叶脉间，较少产孢，该病在叶舌、叶耳、叶枕等部位也可发病。

节瘟常在抽穗后发生，初在稻节上产生褐色小点，后渐绕节扩展，使病部变黑，易折断。发生早的形成枯白穗，仅在一

侧发生的造成茎秆弯曲。

穗颈瘟初形成褐色小点，发展后使穗颈部变褐，也造成枯白穗。发病晚的造成秕谷，枝梗或穗轴受害造成小穗不实。

谷粒瘟产生褐色椭圆形或不规则斑，可使稻谷变黑。有的颖壳无症状，护颖受害变褐，使种子带菌。

二、传播途径和发病条件

病菌以分生孢子和菌丝体在稻草和稻谷上越冬。翌年产生分生孢子借风雨传播到稻株上，萌发侵入寄主向邻近细胞扩展发病，形成中心病株。病部形成的分生孢子，借风雨传播进行再侵染。播种带菌种子可引起苗瘟。适温高湿，有雨、雾、露存在条件下有利于发病。菌丝生长温限 8～37℃，最适温度 26～28℃。孢子形成温限 10～35℃，以 25～28℃最适，相对湿度 90%以上。孢子萌发需有水存在并持续 6～8 小时，适宜温度才能形成附着孢并产生侵入丝，穿透稻株表皮，在细胞间蔓延摄取养分。阴雨连绵，日照不足或时晴时雨，或早晚有云雾或结露条件，病情扩展迅速。品种抗性因地区、季节、种植年限和生理小种不同而异。籼型品种一般优于粳型品种。同一品种在不同生育期抗性表现也不同，秧苗 4 叶期、分蘖期和抽穗期易感病，圆秆期发病轻，同一器官或组织在组织幼嫩期发病重。穗期以始穗时抗病性弱。偏施过施氮肥有利于发病。放水早或长期深灌根系发育差，抗病力弱发病重。

三、防治方法

因地制宜选用适合当地的抗病品种，并注意品种合理搭配与适时更替。

无病田留种，处理病稻草，消灭菌源。

按水稻需肥规律，采用配方施肥技术，后期做到干湿交替，促进稻叶老熟，增强抗病力。

种子处理。用56°温汤浸种5分钟。用多菌灵浸种，也可用1%石灰水浸种，10~15℃浸6天，20~25℃浸1~2天，石灰水层高出稻种15厘米，静置，捞出后清水冲洗3~4次。

药剂防治。在水稻分蘖盛期要加强田间检查，长势繁茂和上一年度稻瘟病重发区更要加强，当发现发病中心应立即打药封锁，可选用富士一号、使百克等治疗性药剂。如叶片上出现急性型病斑，特别是逐日增加时，若气象预报将有阴雨天气，还应对未发病的地块进行大面积预防，可选用三环唑等药剂预防，并适当晒田。在抽穗期有阴雨或长时间低温，应在破口期立即进行药剂预防，可选用三环唑类药剂，间隔7天，施用2~3次。常用药剂有：20%三环唑1 000倍液，亩用制剂量50~75克；40%富士一号乳油或40%可湿性粉剂1 000倍液，亩用制剂量60~75毫升（克）；25%使百克乳油亩用量40~60毫升。

第六节　纹枯病

一、症状

纹枯病又称云纹病，苗期至穗期都可发病。叶鞘染病：在近水面处产生暗绿色水浸状边缘模糊小斑，后渐扩大呈椭圆形或云纹形，中部呈灰绿或灰褐色，湿度低时中部呈淡黄或灰白色，中部组织破坏呈半透明状，边缘暗褐色。发病严重时数个病斑融合形成大病斑，呈不规则状云纹斑，常致叶片发黄枯死。叶片染病：病斑也呈云纹状，边缘褪黄，发病快时病斑呈

污绿色，叶片很快腐烂。茎秆受害：症状似叶片，后期呈黄褐色，易折。穗颈部受害：初为污绿色，后变灰褐色，常不能抽穗，抽穗的秕谷较多，千粒重下降。湿度大时，病部长出白色网状菌丝，后汇聚成白色菌丝团，形成菌核，菌核深褐色，易脱落。高温条件下病斑上产生一层白色粉霉层。

二、传播途径和发病条件

病菌主要以菌核在土壤中越冬，也能以菌丝体在病残体上或在田间杂草等其他寄主上越冬。翌春春灌时菌核漂浮于水面与其他杂物混在一起，插秧后菌核黏附于稻株近水面的叶鞘上，条件适宜生出菌丝侵入叶鞘组织为害，气生菌丝又侵染邻近植株。水稻拔节期病情开始激增，病害向横向、纵向扩展，抽穗前以叶鞘为害为主，抽穗后向叶片、穗颈部扩展。早期落入水中菌核也可引发稻株再侵染。早稻菌核是晚稻纹枯病的主要侵染源。菌核数量是引起发病的主要原因。每亩有6万粒以上菌核，遇适宜条件就可引发纹枯病流行。高温高湿是发病的另一主要因素。气温18~34℃都可发生，以22~28℃最适。发病相对湿度70%~96%，90%以上最适。菌丝生长温度10~38℃，菌核在12~40℃都能形成，菌核形成最适温度28~32℃。相对湿度95%以上时，菌核就可萌发形成菌丝。6~10天后又可形成新的菌核。日光能抑制菌丝生长促进菌核的形成。水稻纹枯病适宜在高温、高湿条件下发生和流行。生长前期雨日多、湿度大、气温偏低，病情扩展缓慢，中后期湿度大、气温高，病情迅速扩展，后期高温干燥抑制了病情。气温20℃以上，相对湿度大于90%，纹枯病开始发生，气温在28~32℃，遇连续降雨，病害发展迅速。气温降至20℃以下，田间相对湿度小于85%，发病迟缓或停止发病。长期深灌，偏

施、迟施氮肥，水稻郁闭、徒长，都会促进纹枯病发生和蔓延。

三、防治方法

（一）选用抗病品种

打捞菌核，减少菌源。要每季大面积打捞并带出田外深埋。

加强栽培管理，施足基肥，追肥早施，不可偏施氮肥，增施磷、钾肥，采用配方施肥技术，使水稻前期不披叶，中期不徒长，后期不贪青。灌水做到分蘖浅水、够苗露田、晒田促根、肥田重晒、瘦田轻晒、长穗湿润、不早断水、防止早衰，要掌握“前浅、中晒、后湿润”的原则。

（二）药剂防治

抓住防治适期，分蘖后期病穴率达1/10~2/10时，即施药防治。首选广灭灵水剂500~1 000倍液或5%井冈霉素100毫升兑水50升喷雾或兑水400升泼浇，或每亩用20%粉锈宁乳油50~76毫升、50%甲基硫菌灵或50%多菌灵可湿性粉剂100克、30%纹枯利可湿性粉剂50~75克、50%甲基立枯灵（利克菌）或33%纹霉净可湿性粉剂200克，每亩用药液50升。注意用药量和在孕穗前使用，防止产生药害。发病较重时可选用20%担菌灵乳剂125~150毫升/亩或用75%担菌灵可湿性粉剂75克/亩与异稻瘟净混用，有增效作用，并可兼治稻瘟病。还可用10%灭锈胺乳剂250毫升/亩或25%禾穗宁可湿性粉剂用药50~70克/亩，兑水75升喷雾，效果好，药效长。

第七节　白叶枯病

一、症状

主要发生于叶片及叶鞘上。初起在叶缘产生半透明黄色小斑，以后沿叶缘一侧或两侧或沿中脉发展成波纹状的黄绿色或灰绿色病斑；病部与健部分界线明显；数日后病斑转为灰白色，并向内卷曲，远望一片枯槁色，故称白叶枯病。在空气潮湿时，病叶上的新鲜病斑上，有时甚至在未表现病斑的叶缘上分泌出湿浊状的水珠或蜜黄色菌胶，干涸后结成硬粒，容易脱落。在感病品种上，初起病斑呈开水烫过的灰绿色，很快向下发展为长条状黄白色，在一些高感品种上发生凋萎型白叶枯病，主要发生在秧苗生长后期或本田移植后1~4周内，主要特征为“失水、青枯、卷曲、凋萎”，形似螟害枯心。诊断方法，将枯心株拔起，切断茎基部，用手挤压，如切口处溢出涕状黄白色菌脓，即为本病。如为螟害枯心，可见有虫蛀眼。

二、传播途径和发病条件

白叶枯病菌主要在稻种、稻草和稻桩上越冬，重病田稻桩附近土壤中的细菌也可越年传病。播种病谷，病菌可通过幼苗的根和芽鞘侵入。病稻草和稻桩上的病菌，遇到雨水就渗入水流中，秧苗接触带菌水，病菌从水孔、伤口侵入稻体。用病稻草催芽，覆盖秧苗、扎秧把等有利病害传播。早中稻秧田期由于温度低，菌量较少，一般看不到症状，直到孕穗前后才暴发出来。病斑上的溢脓，可借风、雨、露水和叶片接触等进行再侵染。

三、防治方法

1. 选用抗病品种

发生过白叶枯病的田块和低洼易涝田都要种植抗病品种。

2. 种子消毒

用多菌灵或用强氯精浸种，浸种方法同稻瘟病。

3. 培育无病壮秧

选好秧田位置，加强灌溉水管理，防止淹苗；在 3 叶 1 心期和移栽前施药预防；亩用叶青双可湿性粉剂 100 克兑水喷雾。

4. 加强水肥管理

平整稻田，防止串灌、漫灌传播病害；适时适度晒田，施足底肥，多施磷、钾肥，不要过量过迟追施氮肥。

5. 大田施药保护

水稻拔节后，对感病品种要及早检查，如发现发病中心，应立即施药防治；感病品种稻田在大风雨后要施药。

第八节　水稻条纹叶枯病

一、症状

苗期发病：心叶基部出现褪绿黄白斑，后扩展成与叶脉平行的黄色条纹，条纹间仍保持绿色。不同品种表现不一。

分蘖期发病：先在心叶下一叶基部出现褪绿黄斑，后扩展形成不规则黄白色条斑，老叶不显病。病株常枯孕穗或穗小畸

形不实。拔节后发病，在剑叶下部出现黄绿色条纹，抽穗畸形，结实很少。

二、发生原因

灰飞虱虫量增多。条纹叶枯病是由灰飞虱传毒引起的一种病毒性病害。据资料记载，由于吡虫啉的多年使用，灰飞虱对吡虫啉类农药已经产生耐药性，防效下降，灰飞虱虫量开始上升。

三、防治方法

综合策略：坚持“预防为主，综合防治”的植保方针，采取“切断毒源，治虫防病”的防治策略，狠治灰飞虱，控制条纹叶枯病。结合小麦穗期蚜虫防治，开展灰飞虱防治，清除田边、地头、沟旁杂草，减少初始传毒媒介。每亩选用锐劲特 30~40 毫升，兑水 30 千克均匀喷雾，移栽前 3~5 天再补治 1 次。

关键控制大田为害：在水稻返青分蘖期每亩用锐劲特 30~40 毫升，兑水 45 千克均匀喷雾，防治大田灰飞虱。水稻分蘖期大田病株率 0.5%的田块，每亩用 50 克天达 2116+天达裕丰（菌毒速杀）30 克，兑水 30 千克，均匀喷雾防病，1 周后再补治 1 次，效果良好。

第九节　恶苗病

一、症状

恶苗病又称徒长病，全国各稻区均有发生。病谷粒播后常

不发芽或不能出土。苗期发病病苗比健苗细高，叶片叶鞘细长，叶色淡黄，根系发育不良，部分病苗在移栽前死亡。在枯死苗上有淡红色或白色霉粉状物。本田发病：节间明显伸长，节部常弯曲露于叶鞘外，下部茎节逆生多数不定须根，分蘖少或不分蘖。剥开叶鞘，茎秆上有暗褐条斑，剖开病茎可见白色蛛丝状菌丝，以后植株逐渐枯死。湿度大时，枯死病株表面长满淡褐色或白色粉霉状物，后期生黑色小点即病菌囊壳。病轻的提早抽穗，穗形小而不实。抽穗期谷粒也可受害，严重的变褐，不能结实，颖壳夹缝处生淡红色霉点，病轻不表现症状，但内部已有菌丝潜伏。

二、防治方法

建立无病留种田，选用抗病品种，避免种植感病品种。

加强栽培管理，催芽不宜过长，拔秧要尽可能避免损根。做到“五不插”：即不插隔夜秧，不插老龄秧，不插深泥秧，不插烈日秧，不插冷水浸的秧。

清除病残体，及时拔除病株并销毁，病稻草收获后作燃料或沤制堆肥。

种子处理。用1%石灰水澄清液浸种，15~20℃时浸3天，25℃浸2天，水层要高出种子10~15厘米，避免直射光。或用2%福尔马林浸闷种3小时，气温高于20℃用闷种法，低于20℃用浸种法。或用40%拌种双可湿性粉剂100克或50%多菌灵可湿性粉剂150~200克，加少量水溶解后拌稻种50千克或用50%甲基硫菌灵可湿性粉剂1 000倍液浸种2~3天，每天翻种子2~3次。浸种后带药直播或催芽。

第十节　稻曲病

一、症状

稻曲病又称伪黑穗病等，俗称“丰产果”。该病只发生于穗部，为害部分谷粒。受害谷粒内形成菌丝块渐膨大，内外颖裂开，露出淡黄色块状物，即孢子座，后包于内外颖两侧，呈黑绿色，初外包一层薄膜，后破裂，散生墨绿色粉末，有的两侧生黑色扁平菌核，风吹雨打易脱落。

二、防治方法

选用抗病品种。

避免病田留种，深耕翻埋菌核。发病时摘除并销毁病粒。

改进施肥技术，基肥要足，慎用穗肥，采用配方施肥。浅水勤灌，后期见干见湿。

药剂防治。用2%福尔马林或0.5%硫酸铜浸种3~5小时，然后闷种12小时，用清水冲洗催芽。抽穗前用18%多菌酮粉剂150~200克或于水稻孕穗末期每亩用14%络氨铜水剂250克、稻丰灵200克或5%井冈霉素水剂100克，兑水50升喷洒。施药时可加入三环唑或多菌灵兼防穗瘟。施用络氨铜时用药时间提前至抽穗前10天，进入破口期因稻穗部分暴露，易致颖壳变褐，孕穗末期用药则防效下降。也可选用40%禾枯灵可湿性粉剂，每亩用药60~75克，兑水60升还可兼治水稻叶尖枯病、云形病、纹枯病等。

第十一节　水稻烂秧

一、症状

由于引起水稻烂秧的病因不同，症状有很大差异。烂种主要指稻谷播种后种胚变黑、发臭，甚至腐烂的现象。烂芽指播种后稻芽未能转青即死亡的现象。

二、防治方法

水稻烂秧的防治以农业防治为根本措施。狠抓种子浸种、催芽、播种的质量，同时，还要强调秧田整地质量，有机肥要充分腐熟，科学施肥、用水。应在秧苗 1 叶 1 心至 3 叶期时，出现叶尖无水珠和零星卷叶时应及时喷药。可用 50%敌克松可湿性粉剂 700 倍液或 30%立枯灵 500~1 000倍液浇灌，若病情较严重时，药液浓度应适量加大。

第十二节　水稻胡麻叶斑病

一、症状

从苗期到收获期都可发病，病菌可为害植株地上的各个部位，以叶片发生最普遍。以下为常见部位症状。

病叶症状：产生椭圆形或长形褐色病斑，病斑边缘明显，外围常有黄色晕圈，后期病斑中央灰黄色或灰白色。

穗颈、枝梗受害症状：颈后病部呈深褐色，变色部较长，最长可达 8 厘米。

谷粒受害症状：病斑灰黑色，可扩展至整个谷粒。

二、发病原因

土壤贫瘠、保水差的沙质田和通气性不良呈酸性的泥炭土，易发病；缺氮、钾及硅、镁、锰等元素的田块易发病；苗期和抽穗前后易感病。

三、防治方法

农业防治：增施有机肥，注意氮、磷、钾的配合使用。药剂防治参照稻瘟病。

第十三节　菌核秆腐病

一、症状

水稻菌核秆腐病主要是稻小球菌核病和小黑菌核病。两病单独或混合发生，又称小粒菌核病或秆腐病，它们和稻褐色菌核病、稻球状菌核病、稻灰色菌核病等，总称为水稻菌核病或秆腐病。我国各稻区均有发生。小球菌核病和小黑菌核病症状相似，侵害稻株下部叶鞘和茎秆，初在近水面叶鞘上生褐色小斑，后扩展为黑色纵向坏死线及黑色大斑，上生稀薄浅灰色霉层，病鞘内常有菌丝块。小黑菌核病不形成菌丝块，黑线也较浅。病斑继续扩展，使茎基成段变黑软腐，病部呈灰白色或红褐色而腐败。剥检茎秆，腔内充满灰白色菌丝和黑褐色小菌核。侵染穗颈，引起穗枯。

褐色菌核病：在叶鞘变黄枯死，不形成明显病斑，孕穗时发病致幼穗不能抽出。后期在叶鞘组织内形成球形黑色小菌核。灰色菌核病：叶鞘受害形成淡红褐色小斑，在剑叶鞘上形

成长斑，一般不致水稻倒伏，后期在病斑表面和内部形成灰褐色小粒状菌核。

二、防治方法

1. 种植抗病品种

选择后期生活力强、抗早衰的品种。

2. 减少菌源

病稻草要高温沤制，收割时要齐泥割稻。有条件的实行水旱轮作。插秧前打捞菌核。

3. 加强水肥管理

浅水勤灌，适时晒田，后期灌跑马水，防止断水过早。多施有机肥，增施磷、钾肥，特别是钾肥，忌偏施氮肥。

4. 药剂防治

在水稻拔节期和孕穗期喷洒40%克瘟散（敌瘟灵）或40%富士一号乳油1 000倍液、5%井冈霉素水剂1 000倍液、70%甲基硫菌灵（甲基托布津）可湿性粉剂1 000倍液、50%多菌灵可湿性粉剂800倍液、50%速克灵（腐霉剂）可湿性粉剂1 500倍液、50%乙烯菌核利（农利灵）可湿性粉剂1 000~1 500倍液、50%异菌脲（扑海因）或40%菌核净可湿性粉剂1 000倍液、20%甲基立枯磷乳油1 200倍液。

第十四节　细菌性条斑病

一、症状

细菌性条斑病又称细条病、条斑病，主要为害叶片。病斑

初为暗绿色水浸状小斑，很快在叶脉间扩展为暗绿色至黄褐色的细条斑，病斑两端呈浸润型绿色。病斑上常溢出大量串珠状黄色菌脓，干后呈胶状小粒。细菌性条斑上常布满小珠状细菌液。发病严重时条斑融合成不规则黄褐色至枯白色大斑，与白叶枯病类似，但对光看可见许多半透明条斑。病情严重时叶片卷曲，田间呈现一片黄白色。

二、传播途径和发病条件

病菌主要由稻种、稻草和自生稻带菌传染，成为初侵染源。病菌主要从伤口侵入，菌脓可借风、雨、露等传播后进行再侵染。高温高湿有利于病害发生。台风暴雨造成伤口，病害容易流行。偏施氮肥，灌水过深加重发病。

三、防治方法

加强检疫，把该菌列入检疫对象，防止调运带菌种子远距离传播。

选用抗（耐）病品种。

避免偏施、迟施氮肥，配合磷、钾肥，采用配方施肥技术。忌灌串水和深水。

第十五节　细菌性基腐病

一、症状

主要为害水稻根节部和茎基部。水稻分蘖期发病，常在近土表茎基部叶鞘上产生水浸状椭圆形斑，渐扩展为边缘褐色、中间枯白的不规则形大斑，剥去叶鞘可见根节部变黑褐，有时

可见深褐色纵条，根节腐烂，伴有恶臭，植株心叶青枯变黄。拔节期发病，叶片自下而上变黄，近水面叶鞘边缘褐色，中间灰色长条形斑，根节变色伴有恶臭。穗期发病，病株先失水青枯，后形成枯孕穗、白穗或半白穗，根节变色有短而少的侧生根，有恶臭味。水稻细菌性基腐病的独特症状是病株根节变为褐色或深褐色腐烂，别于细菌性褐条病心腐型、白叶枯病急性凋萎型及螟害枯心苗等。该病常与小球菌核病、恶苗病、还原性物质中毒等同时发生；也有在基腐病株枯死后，恶苗病菌、小球菌核病菌等腐生其上。该病主要通过水稻根部和茎基部的伤口侵入。

二、传播途径和发病条件

细菌可在病稻草、病稻桩和杂草上越冬。病菌从叶片上水孔、伤口及叶鞘和根系伤口侵入，以根部或茎基部伤口侵入为主。侵入后在根基的气孔中系统感染，在整个生育期重复侵染。

三、防治方法

因地制宜地选用抗病良种。

培育壮苗，推广工厂化育苗，采用湿润育秧。适当增施磷、钾肥确保壮苗。要小苗直栽浅栽，避免伤口。

提倡水旱轮作，增施有机肥，采用配方施肥技术。

第十六节　水稻赤枯病

一、症状

水稻赤枯病又称铁锈病。有下面 3 种类型。

缺钾型赤枯：在分蘖前始现，分蘖末发病明显，病株矮小，生长缓慢，分蘖减少，叶片狭长而软弱披垂，下部叶自叶尖沿叶缘向基部扩展变为黄褐色，并产生赤褐色或暗褐色斑点或条斑。严重时自叶尖向下赤褐色枯死，整株仅有少数新叶为绿色，似火烧状。根系黄褐色，根短而少。

缺磷型赤枯：多发生于栽秧后 3~4 周，能自行恢复，孕穗期又复发。初在下部叶叶尖有褐色小斑，渐向内黄褐干枯，中肋黄化。根系黄褐，混有黑根、烂根。

中毒型赤枯：移栽后返青迟缓，株型矮小，分蘖很少。根系变黑或深褐色，新根极少。叶片中肋初黄白化，接着周边黄化，重者叶鞘也黄化，出现赤褐色斑点，叶片自下而上呈赤褐色枯死，严重时整株死亡。

二、病因

缺钾型和缺磷型是生理性的。稻株缺钾，分蘖盛期表现严重，叶片出现赤褐色斑点。多发生于土层浅的沙土、红黄壤及漏水田，分蘖时气温低时也影响钾素吸收，造成缺钾型赤枯。缺磷型赤枯，生产上红黄壤冷水田，一般缺磷，低温时间长，影响根系吸收，发病严重。中毒型赤枯，主要发生在长期浸水，泥层厚，土壤通透性差的水田，如绿肥过量，施用未腐熟有机肥，插秧期气温低，有机质分解慢，以后气温升高，土壤中缺氧，有机质分解产生大量硫化氢、有机酸、二氧化碳、沼气等有毒物质，使苗根扎不稳，随着泥土沉实，稻苗发根分蘖困难，加剧中毒程度。

三、防治方法

改良土壤，加深耕作层，增施有机肥，提高土壤肥力，改

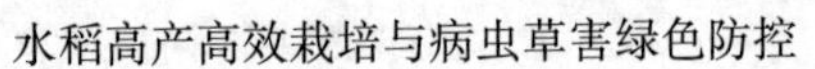

善土壤团粒结构。

宜早施钾肥，如氯化钾、硫酸钾、草木灰、钾钙肥等。缺磷土壤，应早施、集中施过磷酸钙，每亩施 30 千克，或喷施 0.3%磷酸二氢钾水溶液。忌追肥单施氮肥，否则加重发病。

改造低洼浸水田，做好排水沟。绿肥作基肥，不宜过量，耕翻不能过迟。施用有机肥一定要腐熟，均匀施用。

早稻要浅灌勤灌，及时耘田，增加土壤通透性。发病稻田要立即排水，酌施石灰，轻度搁田，促进浮泥沉实，以利新根早发。

第四章　水稻虫害绿色防控技术

第一节　稻摇蚊

一、生活习性及发生为害

稻摇蚊俗称红虫子、红线虫，成虫为小型蛾子，翅短于身体，停息时前足举起，上下摇摆，幼虫红色或淡黄色，前胸腹面有一肢状突起。

稻摇蚊以蛹和成虫在杂草中越冬。成虫于翌年 5 月上旬出现，5 月下旬产卵，3~4 天卵孵化为幼虫，并蛀食幼根，初期幼根无任何症状，7~8 天后稻苗变黄，严重造成浮苗。

二、防治方法

（一）农业防治

排水晒田 2~3 天，可抑制稻摇蚊虫的为害。

（二）生物防治

1.2%烟碱 · 苦参碱 40 ~ 50 毫升/亩，还可用除虫菊素、苏云金杆菌等植物源及生物农药。

第二节　稻水蝇

一、生活习性及发生为害

幼虫长4~5毫米，长圆筒形，稍扁，两端尖细，乳白色至淡黄色，尾端有角突一对。幼虫主要为害水稻根部。

二、防治方法

在稻水蝇落卵高峰时，田间进行喷施，喷洒1.2%烟碱·苦参碱乳油800倍液，还可用除虫菊素、苏云金杆菌等植物源及生物农药。

第三节　水稻潜叶蝇

一、生活习性及发生为害

成虫体长2~3毫米，青灰色。触角黑色，第3节扁近椭圆形，具粗长的触角芒一根，芒的一侧具小短毛5根；前缘脉有两处断开，无臀室。

以成虫在水沟边杂草上越冬，在田水深灌条件下，卵散产在下垂或平伏水面的叶尖上，生产上深灌或秧苗生长瘦弱时为害较重。水稻缓苗期是为害主要时期。水稻缓苗后植株已发育健壮，不再受害，又飞到杂草上繁殖。

幼虫潜食叶肉，致稻叶变黄干枯或腐烂，严重时全株枯死。

二、防治方法

（一）农业防治

（1）实行浅水灌溉，水层不超过一寸（1寸≈3.3厘米），使稻叶健壮，以减轻为害。

（2）清除稻田附近杂草，减少虫源；培育壮秧，提高插秧质量，加快缓苗。

（二）生物防治

1.2%烟碱·苦参碱乳油800倍液，还可用除虫菊素、苏云金杆菌等植物源及生物农药。

第四节　水稻负泥虫

一、生活习性及发生为害

水稻负泥虫成虫是一种小型甲虫，体长4~4.5毫米。头黑色，触角细长形。前胸背部淡黄褐色，鞘翅青蓝色，有金属光泽，上面有10条纵行刻点，足黄色或黄褐色。老熟幼虫体长4.5~6毫米。头小，幼龄幼虫头橘红色，老熟时黑褐色或黑色，体淡黄色，胸部有足3对无腹足。腹部第2~3节背面隆起，各体节密布黑色瘤状突起，其上着生刚毛。肛门开口在背上，排泄的粪便堆积于体背，所以叫负泥虫。

水稻负泥虫一年一代，以成虫潜伏在稻田附近的禾本科杂草丛中及根际土缝中越冬。越冬成虫5月下旬起陆续迁入稻田为害。成虫喜光，温暖的白天较活跃，夜间和阴雨天多潜伏叶背、叶腋处。6月中旬到7月上旬为幼虫为害盛期，幼虫沿叶

脉取食叶肉，叶上出现白色条斑，被害严重时田间一片白色。

二、生物方法

（一）人工防治

用两米长的木杆，一端拴上1米长的扫帚枝4根，如扇子状，用以扫落幼虫。连续进行3~4次，即可收到较好的防治效果。

（二）生物防治

1.2%烟碱·苦参碱乳油800倍液，还可用除虫菊素、苏云金杆菌等植物源及生物农药。

第五节　稻纵卷叶螟

一、为害特点

初孵幼虫取食心叶，出现针头状小点，也有先在叶鞘内为害。随着虫龄增大，吐丝缀稻叶两边叶缘，纵卷叶片成圆筒状虫苞，幼虫藏身其内啃食叶肉，留下表皮呈白色条斑。严重时“虫苞累累，白叶满田”。以孕、抽穗期受害损失最大。

二、形态特征

成虫长7~9毫米，淡黄褐色，前翅有两条褐色横线，两线间有一条短线，外缘有暗褐色宽带；后翅有两条横线，外缘亦有宽带；雄蛾前翅前缘中部，有闪光而凹陷的“眼点”，雌蛾前翅则无“眼点”。卵长约1毫米，椭圆形，扁平而中部稍隆起，初产白色透明，近孵化时淡黄色，被寄生卵为黑色。幼虫老熟时长14~19毫米，低龄幼虫绿色，后转黄绿色，成熟幼虫橘红

色。蛹长7~10毫米，初黄色，后转褐色，长圆筒形。

三、防治方法

农业防治：选用抗（耐）虫水稻品种，合理施肥，使水稻生长发育健壮，防止前期猛发旺长，后期恋青迟熟。科学管水，适当调节搁田时间，降低幼虫孵化期田间湿度，或在化蛹高峰期灌深水2~3天，杀死虫蛹。

保护利用天敌，提高自然控制能力：我国稻纵卷叶螟天敌种类达80余种，各虫期均有天敌寄生或捕食，保护利用好天敌资源，可大大提高天敌对稻纵卷叶螟的控制作用。卵期寄生天敌，如拟澳洲赤眼蜂、稻螟赤眼蜂，幼虫期如纵卷叶螟绒茧蜂，捕食性天敌如蜘蛛、青蛙等，对纵卷叶螟都有很大控制作用。

化学防治：根据水稻分蘖期和穗期易受稻纵卷叶螟为害，尤其是穗期损失更大的特点，药剂防治应狠治穗期受害代，不放松分蘖期为害严重代。药剂防治稻纵卷叶螟，施药时期应根据不同农药残效长短略有变化，击倒力强而残效较短的农药在孵化高峰后1~3天施药，残效较长的可在孵化高峰前或高峰后1~3天施药。

第六节　二化螟

一、为害特点

水稻分蘖期受害出现枯心苗和枯鞘；孕穗期、抽穗期受害，出现枯孕穗和白穗；灌浆期、乳熟期受害，出现半枯穗和虫伤株，秕粒增多，遇刮大风易倒折。二化螟为害造成的枯心苗，幼虫先群集在叶鞘内侧蛀食为害，叶鞘外面出现水渍状黄

斑，后叶鞘枯黄，叶片也渐死，称为枯梢期。幼虫蛀入稻茎后剑叶尖端变黄，严重的心叶枯黄而死，受害茎上有蛀孔，孔外虫粪很少，茎内虫粪多，黄色，稻秆易折断，区别于大螟和三化螟为害造成的枯心苗。

二、形态特征

成蛾雌体长14~16.5毫米，翅展23~26毫米，触角丝状，前翅灰黄色，近长方形，沿外缘具小黑点7个；后翅白色，腹部灰白色纺锤形。雄蛾体长13~15毫米，翅展21~23毫米，前翅中央具黑斑1个，下面生小黑点3个，腹部瘦圆筒形。卵长1.2毫米，扁椭圆形，卵块由数十至200粒排成鱼鳞状，长13~16毫米，宽3毫米，乳白色至黄白色或灰黄褐色。幼虫6龄左右。末龄幼虫体长20~30毫米，头部除上部棕色外，余红棕色，全体淡褐色，具红棕色条纹。蛹长10~13毫米，米黄色至浅黄褐色或褐色。

三、生活习性

4龄以上幼虫在稻桩、稻草中或其他寄主的茎秆内、杂草丛、土缝等处越冬。气温高于11℃时开始化蛹，15~16℃时成虫羽化。低于4龄期幼虫多在翌年土温高于7℃时钻进上面稻桩及小麦、大麦、蚕豆、油菜等冬季作物的茎秆中；均温10~15℃进入转移盛期，转移到冬季作物茎秆中以后继续取食内壁，发育到老熟时，在寄主内壁上咬一羽化孔，仅留表皮，羽化后破膜钻出。有趋光性，喜欢把卵产在幼苗叶片上，圆秆拔节后产在叶宽、秆粗且生长嫩绿的叶鞘上；初孵幼虫先钻入叶鞘处群集为害，造成枯鞘，2~3龄后钻入茎秆，3龄后转株为害。该虫生命力强，食性杂，耐干旱、潮湿和低温条件。主要

天敌有卵寄生蜂等。

四、防治方法

做好发生期、发生量和发生程度预测。

合理安排冬作物，晚熟小麦、大麦、油菜、留种绿肥要注意安排在虫源少的晚稻田中，可减少越冬基数。对稻草中含虫多的要及早处理，也可把基部10~15厘米先切除烧毁。灌水杀蛹，即在二化螟初蛹期采用烤、搁田或灌浅水，以降低化蛹的部位，进入化蛹高峰期时，突然灌深水10厘米以上，经3~4天，大部分老熟幼虫和蛹会被灌死。

选育、种植耐水稻螟虫的品种，根据种群动态模型用药防治。每亩用80%杀虫单粉剂35~40克或25%杀虫双水剂200~250毫升、50%杀螟松乳油50~100毫升，也可选用5%锐劲特胶悬剂30毫升，兑水50~75千克喷雾或兑水200~250千克泼浇。也可兑水400千克进行大水量泼浇，此外还可用25%杀虫双水剂200~250毫升或5%杀虫双颗粒剂1~1.5千克拌湿润细干土20千克制成药土，撒施在稻苗上，保持3~5厘米浅水层持续3~5天可提高防效。此外把杀虫双制成大粒剂，改过去常规喷雾为浸秧田，采用带药漂浮载体防治法能提高防效。杀虫双防治二化螟还可兼治大螟、三化螟、稻纵卷叶螟等，对大龄幼虫杀伤力高、施药适期弹性大。

第七节　三化螟

一、为害特点

幼虫钻入稻茎蛀食为害，在寄主分蘖时出现枯心苗，孕穗

期、抽穗期形成“枯孕穗”或“白穗”，严重的颗粒无收。近年三化螟的严重为害又呈上升趋势。三化螟为害造成枯心苗，苗期、分蘖期幼虫啃食心叶，心叶受害或失水纵卷，稍褪绿或呈青白色，外形似葱管，称作假枯心，把卷缩的心叶抽出，可见断面整齐，多可见到幼虫，生长点遭破坏后，假枯心变黄死去成为枯心苗，这时其他叶片仍为青绿色。受害稻株蛀入孔小，孔外无虫粪，茎内有白色细粒虫粪，区别于大螟、二化螟为害造成的枯心苗。

二、生活习性

河南年生 2~3 代，以老熟幼虫在稻茬内越冬。翌春气温高于16℃，越冬幼虫陆续化蛹、羽化。成虫白天潜伏在稻株下部，黄昏后飞出活动，有趋光性。羽化后 1~2 天即交尾，把卵产在生长旺盛的距叶尖 6~10 厘米的稻叶叶面或叶背，分蘖盛期和孕穗末期产卵较多，拔节期、齐穗期、灌浆期较少。

天敌主要有寄生蜂、稻螟赤眼蜂、黑卵蜂、啮小蜂、蜘蛛、青蛙、白僵菌等。

三、防治方法

预测预报：据各种稻田化蛹率、化蛹日期、蛹历期、交配产卵历期、卵历期，预测发蛾始盛期、高峰期、盛末期及蚁螟孵化的始盛期、高峰期和盛末期指导防治。

农业防治：适当调整水稻布局，避免混栽；选用生长期适中的品种；及时春耕沤田，处理好稻茬，减少越冬虫口；选择无螟害或螟害轻的稻田或旱地作为绿肥留种田，生产上留种绿肥田因春耕晚，绝大部分幼虫在翻耕前已化蛹、羽化，生产上要注意杜绝虫源；对冬作田、绿肥田灌跑马水，不仅利于作物

生长，还能杀死大部分越冬螟虫；及时春耕灌水，淹没稻茬7~10天，可淹死越冬幼虫和蛹。

栽培治螟：调节栽秧期，采用抛秧法，使易遭蚁螟为害的生育阶段与蚁螟盛孵期错开，可避免或减轻受害。

保护利用天敌。

防治枯心：在水稻分蘖期与蚁螟盛孵期吻合日期短于10天的稻田，掌握在蚁螟孵化高峰前1~2天，5%杀虫双颗粒剂1~1.5千克，拌细土15千克撒施后，田间保持3~5厘米浅水层4~5天。当吻合日期超过10天时，则应在孵化始盛期施1次药，隔6~7天再施1次，方法同上。

防治白穗：在卵的盛孵期和破口吐穗期，采用早破口早用药、晚破口迟用药的原则，在破口露穗达5%~10%时，施第一次药，每亩用25%杀虫双水剂150~200毫升或50%杀螟松乳油100毫升，拌湿润细土15千克撒入田间，也可用上述杀虫剂兑水400千克泼浇或兑水60~75千克喷雾。如三化螟发生量大，蚁螟的孵化期长或寄主孕穗、抽穗期长，应在第一次药后隔5天再施1~2次，方法同上。

第八节　褐飞虱

一、为害特点

成虫、若虫群集于稻丛下部刺吸汁液；雌虫产卵时，用产卵器刺破叶鞘和叶片，易使稻株失水或感染菌核病。排泄物常遭致霉菌滋生，影响水稻光合作用和呼吸作用，严重的稻株干枯，颗粒无收。

二、生活习性

我国广大稻区主要虫源随每年暖湿气流夏季由南向北迁入和推进，秋季则由北向南回迁。每年约有 5 次大的迁飞行动，近年我国各稻区由于耕作制度的改变，水稻品种相当复杂，生育期交错，利于该虫种群数量增加，造成严重为害。该虫生长发育适温为 20~30℃，26℃最适，长江流域夏季不热，晚秋气温偏高利其发生，褐飞虱迁入的季节遇有雨日多、雨量大利其降落，迁入时易大发生，田间阴湿，生产上偏施、过施氮肥，稻苗浓绿，密度大及长期灌深水，利其繁殖，受害重。

天敌有稻虱缨小蜂、褐腰赤眼蜂、稻虱红螯蜂、稻虱索线虫、黑肩绿盲蝽等。

三、防治方法

做好测报工作，搞好迁入趋势分析，种植时统一规划，合理布局，减少虫源。

加强田间肥水管理，防止后期贪青徒长，适当烤田，降低田间湿度。

选育推广抗虫丰产品种，防止褐飞虱新生物型出现。

保护利用天敌。

在若虫孵化高峰至 2~3 龄若虫发生盛期，及时喷洒 2.5% 扑虱蚜可湿性粉剂或 25% 扑虱灵可湿性粉剂，早稻、早中稻、晚稻田每亩 20~30 克，迟中稻田 50 克，或用 10% 多来宝悬浮剂 50~100 毫升，也可用 10% 吡虫啉可湿性粉剂 2 000倍液。可选用 75% 虱螟特（杀虫单加噻嗪酮）可湿性粉剂 650 克/公顷防治飞虱，兼治二化螟、三化螟、稻纵卷叶螟。

第九节　白背飞虱

一、为害特点

以成虫和若虫群栖稻株基部刺吸汁液，造成稻叶叶尖褪绿变黄，严重时全株枯死，穗期受害还可造成抽穗困难、枯孕穗或穗变褐色、秕谷多等为害状。

二、形态特征

成虫有长翅型和短翅型两种。长翅型成虫体长 4~5 毫米，灰黄色，头顶较狭，突出在复眼前方，颜面部有 3 条凸起纵脊，脊色淡，沟色深，黑白分明，胸背小盾板中央长有一五角形的白色或蓝白色斑，雌虫的两侧为暗褐色或灰褐色，而雄虫则为黑色，并在前端相连，翅半透明，两翅会合线中央有一黑斑；短翅型雌虫体长约 4 毫米，灰黄色至淡黄色、翅短，仅及腹部的一半。卵尖辣椒形，细瘦，微弯曲，长约 0.8 毫米，初产时乳白色，后变淡黄色，并出现 2 个红色眼点。卵产于叶鞘中脉等处组织中，卵粒单行排列成块，卵帽不外露。若虫近梭形，长约 2.7 毫米，初孵时乳白色，有灰斑，后呈淡黄色，体背有灰褐色或灰青色斑纹。

三、生活习性

白背稻虱亦属长距离迁飞性害虫，我国广大稻区初次虫源由热带稻区随气流逐代逐区迁入，其迁入时间一般早于褐飞虱，一年发生 1~8 代。白背稻虱在稻株上的活动位置比褐飞虱和灰飞虱都高。成虫具趋光性，趋嫩性，生长于嫩绿的稻

田，易诱成虫产卵为害；卵多产于水稻叶鞘肥厚部分组织中，也有产于叶片基部中脉内和茎秆中。一般初夏多雨、盛夏干旱的年份，易导致大发生。在水稻各个生育期，成虫、若虫均能取食，但以分蘖盛期、孕穗、抽穗期最为适宜，此时增殖快，受害重。

四、防治方法

农业防治：选用抗（耐）虫水稻品种，进行科学肥水管理，创造不利于白背飞虱繁殖的生态条件。

生物防治：白背飞虱各虫期寄生性和捕食性天敌种类较多，除寄生蜂、瓢虫等外，还有蜘蛛、线虫、菌类等，对白背飞虱的发生有很大的抑制作用。保护利用好天敌，对控制白背飞虱的发生为害能起到明显的效果。

化学防治：根据水稻品种类型和白背飞虱发生情况，采取重点防治主害代低龄若虫高峰期的防治对策，如果成虫迁入量特别大而集中的年份和地区，采取防治迁入峰成虫和主害代低龄若虫高峰期相结合的对策。

第十节　灰飞虱

一、为害特点

成虫、若虫刺吸水稻等寄主汁液，引起黄叶或枯死。

二、形态特征

长翅型雌虫体长 3.3~3.8 毫米，短翅型体长 2.4~2.6 毫米，浅黄褐色至灰褐色，头顶稍突出。

三、生活习性

多以3龄、4龄若虫在麦田、绿肥田、河边等处禾本科杂草上越冬。翌年早春旬均温高于10℃，越冬若虫羽化。发育适温15~28℃，冬暖夏凉易发生。天敌有稻虱缨小蜂等。

四、防治方法

3月开始调查越冬卵的数量。

于2月卵孵化前火烧枯叶，彻底清除田边塘沟杂草。

掌握在越冬代2~3龄若虫盛发时喷洒10%吡虫啉可湿性粉剂1 500倍液、50%杀螟松乳油1 000倍液、20%扑虱灵乳油2 000倍液、50%马拉硫磷乳油2 000倍液，在药液中加0.2%中性洗衣粉可提高防效。另外，每亩喷2%叶蝉散粉剂22千克也可以。

第十一节　直纹稻弄蝶

又称直纹稻苞虫，全国各稻区都有发生。能在游草、芦苇、稗等多种杂草上取食存活。抽穗前为害，使稻穗卷曲，无法抽出，或被曲折，不能开花结实，严重影响产量。

一、形态特征

直纹弄蝶属鳞翅目弄蝶科。成虫体长17~19毫米，翅展36~42毫米，体及翅都是黑褐色带金黄色光泽，触角棍棒状。前翅有白色半透明斑纹8个，排成半环形；后翅也有白色斑纹4个，排成“一”字形。

二、防治方法

冬春季成虫羽化前，结合积肥，铲除田边、沟边、积水塘边的杂草，以消灭越冬虫源。

药剂防治：直纹稻弄蝶在田间的发生分布很不平衡，应做好测报，掌握在幼虫 3 龄以前，抓住重点田块进行药剂防治。在直纹稻弄蝶经常猖獗的地区内，要设立成虫观测圃（如千日红花圃）预测防治适期。在成虫出现高峰后 2~4 天是田间产卵高峰；10~14 天是田间幼虫出现盛期。在成虫高峰后 7~10 天，检查田间虫龄，决定防治日期。防治指标：一般在分蘖期每百丛稻株有虫 5 头以上、圆秆期 10 头以上的稻田需要防治。可选用下列药剂：每亩用 50%杀螟松 1 000倍液、10%吡虫啉可湿性粉剂 1 500倍液兑水 50~75 升，喷雾防治。也可以每亩用杀螟杆菌菌粉（每克含活孢子 100 亿个以上）100 克加洗衣粉 100 克兑水 100 千克喷雾。

第十二节　稻螟蛉

一、形态特征

成虫体暗黄色。雄蛾体长 6~8 毫米，翅展 16~18 毫米，前翅深黄褐色，有两条平行的暗紫宽斜带；后翅灰黑色。雌蛾稍大，体色较雄蛾略浅，前翅淡黄褐色，两条紫褐色斜带中间断开不连续；后翅灰白色。

二、生活习性

稻螟蛉以蛹在田间稻茬丛中或稻秆、杂草的叶包、叶鞘

间越冬。年中多发生于7月、8月间为害晚稻秧田，其他季节一般虫口密度较低，偶尔在4月、5月发生为害。成虫日间潜伏于水稻茎叶或草丛中，夜间活动交尾产卵，趋光性强，且灯下多属未产卵的雌蛾。卵多产于稻叶中部，也有少数产于叶鞘，每一卵块一般有卵3~5粒，排成1或2行，也有个别单产，每雌蛾平均产卵500粒左右。稻苗叶色青绿，能招引成虫集中产卵。幼虫孵化后约20分钟开始取食，沿叶脉啃食叶肉，致使叶面出现枯黄线状条斑，3龄以后才从叶缘咬起，将叶片咬成缺刻。幼虫在叶上活动时，一遇惊动即跳跃落水，再游水或爬到别的稻株上为害。虫龄越大，食量越大，最终使叶片只留下中肋一条。老熟幼虫在叶尖吐丝把稻叶曲折成粽子样的三角苞，藏身苞内，咬断叶片，使虫苞浮落水面，然后在苞内结茧化蛹。重要天敌：卵寄生蜂类如稻螟赤眼蜂，幼虫的寄生蜂类如螟蛉绒茧蜂等，常年寄生率都很高；捕食性天敌有蜘蛛等。

三、防治方法

冬季结合积肥铲除田边杂草。

化蛹盛期摘去并捡净田间三角蛹苞。

盛蛾期装灯诱杀。

掌握在幼虫初龄使用药剂防治，可选用90%敌百虫结晶或80%敌敌畏乳油，或每亩用18%杀虫双250~300毫升或30%乙酰甲胺磷120~160毫升兑水40~50千克喷雾。

放鸭食虫。

第十三节　大　螟

一、形态特征

成虫雌蛾体长 15 毫米，翅展约 30 毫米，头部、胸部浅黄褐色，腹部浅黄色至灰白色；触角丝状，前翅近长方形，浅灰褐色，中间具小黑点 4 个排成四角形。雄蛾体长约 12 毫米，翅展 27 毫米。

二、为害症状

基本同二化螟。幼虫蛀入稻茎为害，也可造成枯梢、枯心苗、枯孕穗、白穗及虫伤株。大螟为害的孔较大，有大量虫粪排出茎外，区别于二化螟。大螟为害造成的枯心苗，蛀孔大、虫粪多，且大部分不在稻茎内，多夹在叶鞘和茎秆之间，受害稻茎的叶片、叶鞘部都变为黄色。大螟造成的枯心苗田边较多，田中间较少，区别于二化螟、三化螟为害造成的枯心苗。

三、防治方法

对第一代进行测报，通过查上一代化蛹进度，预测成虫发生高峰期和第一代幼虫孵化高峰期，报出防治适期。

铲除田边杂草，消灭越冬螟虫。

根据大螟趋性，早栽早发的早稻、杂交稻以及大螟产卵期正处在孕穗至抽穗或植株高大的稻田是化防之重点。防治策略为狠治一代，重点防治稻田边行。生产上当枯鞘率达 5%或始见枯心苗为害状时，大部分幼虫处在 1~2 龄阶段，及时喷洒 18%杀虫双水剂，每亩施药 250 毫升，兑水 50~75 千克或 90%

杀螟丹可溶性粉剂 150～200 克或 50%杀螟丹乳油 100 毫升兑水喷雾。

第十四节　稻瘿蚊

一、为害特点

幼虫吸食水稻生长点汁液，导致受害稻苗基部膨大，随后心叶停止生长且由叶鞘部伸长形成淡绿色中空的葱管，葱管向外伸形成“标葱”。水稻从秧苗到幼穗形成期均可受害，受害重的不能抽穗，几乎都形成“标葱”或扭曲不能结实。

二、形态特征

成虫体长 3.5～4.8 毫米，形状似蚊，浅红色，触角 15 节，黄色，第 1、第 2 节球形，第 3 至第 14 节的形状雌、雄有别：雌虫近圆筒形，中央略凹；雄蚊似葫芦状，中间收缩，好像 2 节。中胸小盾板发达，腹部纺锤形隆起似驼峰。前翅透明具 4 条翅脉。

三、防治方法

防治稻瘿蚊的策略是“抓秧田，保本田，控为害，把三关，重点防住主害代”。

选用抗虫品种。

春天及时铲除稻田游草及落谷再生稻，减少越冬虫源。把单、双季稻混栽区因地制宜改为纯双季稻区，调整播种期和栽插期，避开成虫产卵高峰期。

注意防止秧苗带虫，必要时用 90%晶体敌百虫 800 倍液浸

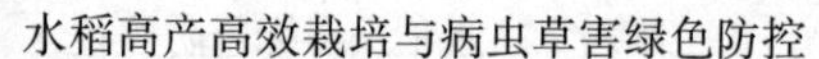

秧根后用塑料膜覆盖 5 小时后移栽。

晚稻播种时，每亩用 5%杀虫双颗粒剂 1～1.5 千克在秧苗移栽前 7～8 天，拌细干土 20 千克制成毒土撒施。

搞好虫情监测预报，对稻瘦蚊主要为害世代的发生做出及时、准确的预测预报。

加强农业防治和健身控害栽培：夏收夏种季节，及时耙沤已收早稻田块，铲除田基、沟边杂草，用烂泥糊田埂等，可消灭杂草、稻根腋芽及再生稻上的虫源，减少虫口基数。利用抗性资源，示范推广种植抗蚊品种。

注意保护利用天敌。

科学用药：秧田用药防治主要采用毒土畦面撒施方法。于秧苗起针到 2 叶 1 心期或移栽前 5～7 天，每亩用 10%益舒宝 1.25～1.5 千克拌土 10～15 千克均匀撒施。施药秧田要保持浅薄水层，并让其自然落干，让田土带药，为了防止秧苗带虫，用 90%晶体敌百虫 800 倍液浸秧根后用薄膜覆盖 5 小时后移栽。本田防治：在本田禾苗回青后到有效分蘖期，即播后 7～20 天内施药。一般只对有效分蘖期与稻瘿蚊入侵期相吻合的田块实行重点施药防治。药肥兼施，以药杀虫，以肥攻蘖，促蘖成穗。用药方法同秧田期，但应适当增加用药量。注意选用内吸传导性强兼杀卵的杀虫剂。

第十五节　稻秆潜蝇

一、为害特点

以幼虫蛀入茎内为害心叶、生长点、幼穗。苗期受害长出的心叶上有椭圆形或长条形小孔洞，后发展为纵裂长条状，导

致叶片破碎，抽出的新叶扭曲或枯萎。受害株分蘖增多，植株矮化，抽穗延迟，穗小，秕谷增加。幼穗形成期受害出现扭曲的短小白穗，穗形残缺不全或出现花白穗。近年该虫为害呈上升的趋势。

二、形态特征

成虫体长 2.3~3 毫米，翅展 5~6 毫米，体鲜黄色。头部、胸部等宽，头部背面有一钻石形黑色大斑；复眼大，暗褐色；触角 3 节，基节黄褐色，第 2 节暗褐色，第 3 节黑色膨大呈圆板形，触角芒黄褐色，与触角近等长。胸部背面具 3 条黑色大纵斑，腹部纺锤形，各节背面前缘具黑褐色横带，第 1 节背面两侧各生一黑色小点。体腹面浅黄色。翅透明，翅脉褐色。卵长 0.7~1 毫米，白色，长椭圆形。末龄幼虫体长约 6 毫米，近纺锤形，浅黄白色，表皮强韧具光泽，尾端分两叉。蛹长 6 毫米，浅黄褐色至黄褐色，上具黑斑，尾端也分两叉。

三、生活习性

冬暖夏凉的气候适其发生，日均温 35℃以上，幼虫发育受阻。多露、阳光不足、环境潮湿、田水温度低为害重。

四、防治方法

采用“狠治一代，挑治二代，巧治秧田”的策略。一代为害重且发生整齐，盛期也明显，对防治有利。成虫盛发期、卵盛孵期是防治适期，当秧田每平方米有虫 3.5~4.5 头或本田每 100 丛有虫 1~2 头或产卵盛期末，秧田平均每株秧苗有卵 0.1 粒，本田平均每丛有卵 2 粒时开始防治，成虫喷洒 80%敌敌畏乳油或 50%杀螟松乳油，每亩 50 毫升，兑水 50 千克。

防治幼虫用50%杀螟松乳油，每亩用药100毫升，兑水50千克。对带卵块的秧田，可用50%杀螟松乳油300倍液或36%克螨蝇乳油1 000倍液浸秧根。浸秧时间需根据当时温度、秧苗品种及素质先试验后再确定，以防产生药害。

第十六节　中华稻蝗

一、为害特点

成虫、若虫食叶成缺刻，严重时全叶被吃光，仅残留叶脉。

二、形态特征

成虫雄体长15~33毫米，雌虫19~40毫米，黄绿、褐绿、绿色，前翅前缘绿色，余淡褐色，头宽大，卵圆形，头顶向前伸，颜面隆起宽，两侧缘近平行，具纵沟。复眼卵圆形，触角丝状，前胸背板后横沟位于中部之后，前胸腹板突圆锥形，略向后倾斜，翅长超过后足腿节末端。雄虫尾端近圆锥形，肛上板短三角形，平滑无侧沟，顶端呈锐角。

雌虫腹部第2至第3节背板侧面的后下角呈刺状，有的第3节不明显。产卵瓣长，上下瓣大，外缘具细齿。卵长约3.5毫米，宽1毫米，长圆筒形，中间略弯，深黄色，胶质卵囊褐色，包在卵外面，囊内含卵10~100粒，多为30粒左右，斜列2纵行。若虫5~6龄，少数7龄。1龄灰绿色，头大高举，无翅芽，触角13节；2龄绿色，头胸侧的黑褐色纵纹开始显现，触角14~17节；3龄浅绿色，头胸两侧黑褐色纵纹明显，沿背中线淡色中带明显，触角18~19节，微露翅芽；4龄翅芽

呈三角形，长未达腹部第一节，触角 20~22 节；末龄翅芽超过腹部第 3 节，触角 23~29 节。

三、生活习性

成虫寿命 59~113 天，产卵前期 25~65 天，一代区卵期 6 个月，二代区第一代 3~5 个月，第二代近 1 个月，若虫期 42~55 天，成虫 80 天。喜在早晨羽化，羽化后 15~45 天开始交配，一生可交配多次，夜晚闷热时有扑灯习性。卵成块产在土下，田埂上居多，每雌产卵 1~3 块。初孵若虫先取食杂草，3 龄后扩散为害水稻或豆类等。天敌有蜻蜓、螳螂、青蛙、蜘蛛、鸟类。

四、防治方法

稻蝗喜在田埂、地头、渠旁产卵。发生重的地区组织人力铲埂、翻埂杀灭蝗卵，具明显效果。

保护青蛙、蟾蜍，可有效抑制该虫发生。

抓住 3 龄前稻蝗群集在田埂、地边、渠旁取食杂草嫩叶特点，突击防治，当进入 3~4 龄后常转入大田，当百株有虫 10 头以上时，施用药剂同二化螟、三化螟，均可取得较好防治效果。

第十七节　稻象甲

一、形态特征

成虫长 2.6~3.8 毫米。喙与前胸背板几等长，稍弯，扁圆筒形。

前胸背板宽。鞘翅侧缘平行，比前胸背板宽，肩斜，鞘翅

端半部行间上有瘤突。雌虫后足胫节有前锐突和锐突，锐突长而尖，雄虫仅具短粗的两叉形锐突。蛹长约3毫米，白色。幼虫体白色，头黄褐色。卵圆柱形，两端圆。

二、为害特点

半水生昆虫，成虫在地面枯草上越冬，3月下旬交配产卵。卵多产于浸水的叶鞘内。初孵幼虫仅在叶鞘内取食，后进入根部取食。羽化成虫从附着在根部上面的蛹室爬出，取食稻叶或杂草的叶片。成虫平均寿命76天，雌虫寿命更长，可达156天。为害时虫口密度可达每平方米200头以上。

三、防治方法

稻田秋耕灭茬可大大降低田间越冬成虫的成活率。结合积肥和田间管理，清除杂草，以消灭越冬成虫。水稻收获后要及时翻耕土地，可降低其越冬存活率。保护青蛙、蟾蜍、蜘蛛、蚂蚁、鱼类等天敌。应用白僵菌和线虫对其成虫防治有效。施药品种以选用拟除虫菊酯类农药为宜。严禁从疫区调运可携带传播该虫的物品。对来自疫区的交通工具、包装填充材料应严格检查，必要时做灭虫处理。

第十八节　黑尾叶蝉

一、为害特点

黑尾叶蝉取食和产卵时刺伤寄主茎叶，破坏输导组织，受害处呈现棕褐色条斑，导致植株发黄或枯死。

二、形态特征

成虫体长4.5~6毫米，头至翅端长13~15毫米。本科成员种类不少，最大特征是后脚胫节有2排硬刺。体色黄绿色；头、胸部有小黑点；上翅末端有黑斑。头与前胸背板等宽，向前成钝圆角突出，头顶复眼间接近前缘处有1条黑色横凹沟，内有1条黑色亚缘横带。复眼黑褐色，单眼黄绿色。雄虫额唇基区黑色，前唇基及颊区为淡黄绿色；雌虫颜面为淡黄褐色，额唇基的基部两侧区各有数条淡褐色横纹，颊区淡黄绿色。前胸背板两性均为黄绿色。小盾片黄绿色。前翅淡蓝绿色，前缘区淡黄绿色，雄虫翅端1/3处黑色，雌虫为淡褐色。雄虫胸、腹部腹面及背面黑色，雌虫腹面淡黄色，腹背黑色。各足黄色。卵长茄形，长1~1.2毫米；末龄若虫体长3.5~4毫米，若虫共4龄。

三、生活习性

叶蝉多半会为害植物生长，部分种类更是稻作的重要害虫。成虫把卵产在叶鞘边缘内侧组织中，每雌产卵100~300粒，幼虫喜栖息在植株下部或叶片背面取食，有群集性，3~4龄若虫尤其活跃。越冬若虫多在4月羽化为成虫，迁入稻田或茭白田为害，少雨年份易大发生。主要天敌有褐腰赤眼蜂、捕食性蜘蛛等。

四、防治方法

选用抗虫品种。

注意保护利用天敌昆虫和捕食性蜘蛛。

调查成虫迁飞和若虫发生情况，因地制宜确定当地防治适期，及时喷洒2%叶蝉散粉剂。也可用50%杀螟松乳油1 000

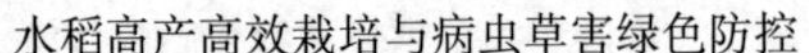

倍液、90%杀虫单原粉，50~60克/亩兑水喷雾。

第十九节　稻蓟马

一、为害特点

成虫、若虫以口器锉破叶面，成微细黄白色斑，叶尖两边向内卷折，渐及全叶卷缩枯黄，分蘖初期受害重的稻田，苗不长、根不发、无分蘖，甚至成团枯死。晚稻秧田受害更为严重，常成片枯死，状如火烧。穗期成、若虫趋向穗苞，扬花时，转入颖壳内，为害子房，造成空秕粒。

二、形态特征

稻蓟马成虫体长1~1.3毫米，黑褐色，头近似方形，触角7节；翅淡褐色、羽毛状，腹末雌虫锥形，雄虫较圆钝；卵为肾形，长约0.26毫米，黄白色。若虫共4龄，4龄若虫又称蛹，长0.8~1.3毫米，淡黄色，触角折向头与胸部背面。

三、生活习性

稻蓟马生活周期短，发生代数多，世代重叠，多数以成虫在麦田，禾本科杂草等处越冬。成虫常藏身卷叶尖或心叶内，早晚及阴天外出活动，有明显趋嫩绿稻苗产卵习性，卵散产于叶脉间，幼穗形成后则以心叶上产卵为多。初孵幼虫集中在叶耳、叶舌处，更喜欢在幼嫩心叶上为害。7月、8月低温多雨，有利于发生为害；秧苗期、分蘖期和幼穗分化期，是蓟马的严重为害期，尤其是晚稻秧田和本田初期受害更重。

四、防治方法

农业防治：调整种植制度，尽量避免水稻早、中、晚混栽，相对集中播种期和栽秧期，以减少稻蓟马的繁殖桥梁田和辗转为害的机会。合理施肥，在施足基肥的基础上，适期适量追施返青肥，促使秧苗正常生长，减轻为害。防止乱施肥。

化学防治：依据稻蓟马的发生为害规律，遭受稻蓟马的为害时期，一是秧苗4~5叶期用药1次，二是本田稻苗返青期。这两个时期应是保护的重点。

防治指标：常见卷叶苗，叶尖初卷率15%~25%，则列为防治对象田。

第二十节　稻管蓟马

一、分布为害

我国大部分稻区都有发生。为害水稻、麦类、玉米、高粱、甘蔗、葱和烟草等。成虫及若虫以锉吸式口器锉破水稻叶面成微细黄白色伤斑，由叶尖开始，渐至全叶卷缩枯黄。抽穗期集中为害嫩穗，造成秕谷。

二、形态特征

成虫：体长1.5~1.8毫米，黑褐色，触角8节，第3至第5节上有感觉锥，第3节上仅外方有1个。眼后鬃端尖，不呈钝形。前翅细长，顶端圆，中央稍凹陷，淡色透明，仅基部有小鬃3根，翅缘密生长缨毛。第十腹节管状，顶端有长毛6根。卵：椭圆形，长约0.3毫米，黄白色。若虫：似成虫，无

翅，老熟时带桃红色。

三、生活习性

湖北一年发生 2 代，第一代发生在 6 月，第二代 8 月。以成虫在田边枯叶内、树皮下、杂草中或土缝中越冬。春季为害麦苗，以后迁到秧田为害，稻麦灌浆期为害最重。成虫活泼，群集在花、叶鞘或卷缩的叶内。

四、防治方法

秧田受害时，在叶尖初卷期用 10%吡虫啉可湿性粉剂 2 500倍液、5%锐劲特悬浮剂 1 500倍液、5%蚜虱净 2 000倍液，每亩兑水 60~75 升，喷雾防治，或用 90%敌百虫 1 000倍液浸秧。亦可灌水至离秧尖 0. 03~0. 06 米，每亩滴柴油 250~500 克（看苗大小而定），油扩散后用竹竿拨动，把虫打落水，然后排水。

第二十一节　稻绿蝽

一、为害特点

成虫和若虫吸食汁液，影响作物生长发育，造成减产。

二、形态特征

成虫全绿型体长 12~16 毫米，宽 6. 0~8. 5 毫米。长椭圆形，青绿色（越冬成虫暗赤褐），腹下色较淡。头近三角形，触角 5 节，基节黄绿，第 3、第 4、第 5 节末端棕褐，复眼黑，单眼红。蛹 4 节，伸达后足基节，末端黑色。前胸背板边缘黄

白色，侧角圆，稍突出，小盾片长三角形，基部有3个横列的小白点，末端狭圆，超过腹部中央。前翅稍长于腹末。足绿色，跗节3节，灰褐色，爪末端黑色。腹下黄绿色或淡绿色，密布黄色斑点。

三、生活习性

年发生1代，以成虫在杂草、土缝、灌木丛中越冬。卵的发育起点温度为12℃左右，若虫为1℃左右。卵成块产于寄主叶片上，规则地排成3~9行，每块60~70粒。1~2龄若虫有群集性，若虫和成虫有假死性，成虫并有趋光性和趋绿性。

四、防治方法

冬季清除田园杂草地被，消灭部分成虫。

灯光诱杀成虫。

成虫和若虫为害期，喷洒广谱性杀虫剂。

第五章　水稻草害绿色防控技术

第一节　直播稻田杂草防除

直播是一种解放劳动力的轻简栽培技术，但直播稻田往往受杂草为害比较严重，杂草的防除就成为直播稻田成败的关键。

一、直播稻田杂草的发生特点

出草时间早，在落谷后7天左右，就有杂草开始萌发；杂草种类多，有稗草、千金子、节节菜、水蓼、鸭舌草和各类莎草等；密度大，杂草与水稻的共生期长，且前期秧苗密度低，杂草个体生长空间相对较大，有利于杂草旺盛生长，为害秧苗。

二、直播稻田杂草的防除

以苗压草：通过浸种后露白播种，加快水稻出苗，争取一次齐苗提前，拉大出苗与出草的时间差，促进秧苗先于杂草形成群个体优势，在一定程度上达到压低杂草基数和抑制杂草生长的效果。

以药灭草：采用一封一补二次除草法。根据杂草萌发规律，直播稻播后10~20天是杂草萌发第一个高峰期，其出草

量占总出草量的65%左右，因此控制第一出草高峰是直播稻田化学除草的关键。为有效控制第一出草高峰，第一次用药时间为播种后1周内，每亩60%丁草胺乳油100毫升兑水50千克均匀喷雾，或每亩12%农思它乳油200~250毫升或25%农思它乳油100~120毫升喷雾，保持田间湿润5天左右。部分田块由于第一次在用药时间、用药量及药后水浆管理等方面没有掌握好。就必须补用第二次药，时间为秧苗4~5叶期。

以水控草：在水浆管理上，3叶期前坚持湿润灌溉，促进出苗扎根，3叶期开始建立浅水层。既促进秧苗生长，又抑制杂草生长。

人工拔草：到水稻生长中期，及时人工拔净田间残留杂草，既降低杂草对水稻产量的影响，又减少翌年杂草基数。

第二节　水稻田杂草防除

一、水稻田杂草的发生特点与常用除草剂

秧田杂草种类多，密度高，与秧苗争肥、争水、争空间，影响秧苗素质，不利于培育壮苗。适时开展秧田杂草的防除，确保秧苗正常生长，为夺取水稻丰收打好基础。

常用除草剂：

90%禾草丹（杀草丹）乳油，一般每亩用100毫升，加水30千克，在水稻播种前1天或播种覆土后均匀喷洒床面。或于水稻秧苗1.5~2叶期均匀喷雾，湿润施药，药后12~24小时灌浅水，保水5天。

36%二氯·苄可湿性粉剂，一般亩用30克左右，于水稻秧苗2叶1心至3叶期每亩加水30~40千克均匀喷雾。湿润施

药，药后24~48小时灌水3厘米左右，保水5天。

30%丙草胺（扫弗特）乳油，一般亩用100毫升左右，水稻催芽播种后2~4天，加水30千克均匀喷雾或混细润土20千克均匀撒施，施药时田间浅水，保水3~4天。

50%优克稗乳油40~50毫升于水育秧田水稻播种后1~5天，药土法施药。施药时田间水层4厘米左右，保水4~5天。或用17.2%幼禾葆（优克稗+苄嘧磺隆复配剂）可湿性粉剂，在湿润育秧田，一般亩用200克，于水稻播后2~4天，喷雾法施药，湿润用药，药后建水层。

96%禾草敌（禾大壮）乳油，一般亩用100毫升，于秧苗2叶1心至3叶1心期药土法施药，水层3厘米左右，保水5天。

二、水稻田杂草的防除

抛秧田：亩用30%抛秧一次净可湿剂80~100克；亩用35%丁苄可湿剂80~100克。可防除稗草、牛毛毡、碎米莎等莎草、禾本科杂草。

移栽田：亩用20%华星草克可湿性粉剂20~30克；亩用30%金赛锄可湿剂20~30克；亩用25%精克草星可湿剂20~25克。可防除稗草、牛毛毡、碎米莎等莎草、禾本科杂草。阔叶杂草（鲤肠、节节草等）防除，亩用75%巨星（净叶净）干燥悬浮剂1~1.25克，或用20%使它隆乳油30~40毫升。

第三节 稻 稗

一、识别特征

幼苗子叶留土，第一叶条形，第二至第三叶条状披针

形，无毛，淡绿色，无叶舌。成株秆直立，密蘖型。叶片条形，两面无毛；叶鞘疏松包茎，叶鞘口有长柔毛，根出叶叶鞘、叶片及鞘口有密柔毛。圆锥花序狭窄，下垂，绿色，长8~16毫米，其上分枝常不具小枝；小穗卵形，无芒或不超过5毫米的短芒，成熟后常带紫晕。颖果广卵形，乳白色。花期7—9月。

二、防除要点

根据水稻不同栽培方式，萌芽期可选用噁草酮、丙炔噁草酮、丁草胺、丙草胺、莎稗磷、嘧草醚、苯噻酰草胺、异丙草胺、异丙甲草胺、异噁草松、克草胺、禾草敌、禾草丹、哌草丹等药剂防除；苗期可选用五氟磺草胺、氯氟吡啶酯、二氯喹啉酸、氰氟草酯、噁唑酰草胺、嘧啶肟草醚等药剂防除。

第四节　马　唐

一、识别特征

幼苗深绿色，第一片真叶具有一狭窄环状而顶端齿裂的叶舌，叶缘具长柔毛，其他叶片叶鞘和叶片均密被长毛，边缘粗糙。成株秆丛生，基部展开或倾斜，着土后节易生根或具分枝，光滑无毛。叶鞘松弛包茎；叶舌膜质，黄棕色，先端钝圆；叶片线状披针形。总状花序上部者互生或呈指状排列于茎顶，下部者近于轮生。带稃颖果，颖果椭圆形，长约3毫米，淡黄色或灰白色。花果期6—11月。

二、防除要点

根据水稻不同栽培方式，萌芽期可选用噁草酮、丁草胺、丙草胺、仲丁灵、二甲戊灵、苄嘧·丙草胺、苄嘧·苯噻酰等药剂防除；苗期可选用噁唑酰草胺、二氯喹啉酸、双草醚等药剂防除。

第六章　水稻生理、营养诊断技术

第一节　生理诊断

一、中毒型苗

（一）形态特征

水稻受有机酸等物质毒害而引起的生理病害叫中毒。苗期发生中毒现象的苗称中毒型苗。根系发黑，叶色褪绿，有效分蘖少，抽穗迟，秕粒多，造成减产。严重时稻株枯死，颗粒无收。

1. 有机酸中毒

稻株根系萎缩，很少发生新根。稻株根系表皮发生脱落，有些根色透明，甚至有根窝现象。叶色黄或有萎缩现象，严重时下部叶片枯黄而死，植株矮小，返青期最易出现此种僵苗。

2. 硫化氢中毒

根系发黑，有臭鸡蛋味，白根少而细弱；基部老叶呈黄褐色，叶尖焦枯，随后老叶枯死，上部仅剩 1～2 片绿色新叶。苗期黑根严重时，会发生烂根死苗。分蘖始期发生黑根，秧苗不分蘖，新叶出生慢，呈“一炷香”状。

3. 亚铁中毒

根呈黑色或棕色，根系不发达，少数根上有锈斑，严重时发生根腐。下部叶片自叶尖向叶身顺序出现棕色或褐色斑点，似铁锈，俗称铁锈病，并逐步向基部发展，直至全叶变为褐色。分蘖少，生长发育迟缓，呈僵苗状态。

（二）发生原因

水稻根系发黑的原因是：土壤地下水位高，排水不良和耕耙次数过多，土壤黏烂闭气，含铁较多的水稻田处于极端缺氧的还原条件下，稻根失去对土壤还原条件的抵抗力，因而易发生亚铁中毒；翻压大量鲜绿肥，或施用未腐熟的有机肥，易发生有机酸中毒。

由于硫酸亚铁的生成，抑制了根系的呼吸作用，阻碍根系对养分的吸收，尤其抑制根系对磷、钾的吸收，因此硫化氢、亚铁中毒后，常伴有缺磷、缺钾和僵苗症状。

一般土壤硫化氢含量达 0.07 毫克/升时，就会抑制根系发育。据研究，亚铁的致毒浓度为 50~60 毫克/升，土壤养分充足，尤其是磷、钾充足，致毒浓度可高至 100 毫克/升以上。

（三）防治与转化措施

已发生中毒症状的田块，可采取以下措施。

（1）搁田。如果不能断水搁田，则可采取换水的办法，以改善土壤的通透性。

（2）针对性地在搁田复水时施氮、磷、钾速效肥料，以改善水稻的营养条件。

（3）在有机酸过多的田块，可使用土壤改良剂，如生石灰等。

二、绿麦隆药害苗

（一）形态特征

开始叶尖表现深绿色，浸渍状，稻叶纵卷，4~6 小时后叶尖枯黄，继而发白，并逐渐沿边缘向叶的中下部扩展，直至整个叶片变枯黄、发白。药害轻的水稻茎秆纤细，植株生长受抑；重的叶片枯萎、发白，生长僵滞，甚至伤及心叶，整株死亡。

（二）发生原因

据测定，麦田使用 25%绿麦隆每亩 250 克，施药后降雨少又未灌溉，就表现出药害症状，由于土壤中绿麦隆含量在 0.1 毫克/升以上，且栽秧后又遇 35℃以上的高温，持续 2~3 小时，就表现药害。因为绿麦隆的溶解度低（20℃时为 10 毫克/升），降雨少，施入土中的绿麦隆滞留在土壤中，水稻移栽后，气温较高，稻株生长旺盛，根部吸收力增强，滞留在土中的绿麦隆也因田里泡了水，从而充分溶解，易被水稻根系吸收，这就产生了药害。据大田测定，持续高温时，土中的绿麦隆相对含量达 0.05 毫克/升左右时，则显著影响水稻产量。一般来说，籼稻比粳稻受害后减产幅度大。据试验，当土壤中绿麦隆达 0.125 毫克/升时（相当于每亩施用 75 克），南京 11 号显著减产 20%~25%。而籼稻大不相同，当土中绿麦隆达 0.062 5毫克/升（相当于每亩施 38 克）时，则显著减产 20%~27%。

（三）防治与转化措施

（1）为害较轻的防治。对为害轻或生长停滞的水稻，可采取下列措施：①以用药量的 25 倍的活性炭粉撒入稻田。如

稻田每亩广泛施用25%绿麦隆40克后，再施活性炭粉1千克，撒入后立即耙入10厘米深的土层中。②灌跑马水3~4次，排出的水不能灌入邻近的稻田。每亩可用50千克生石灰加1 000千克猪、牛粪施入，后期用0.8%磷酸二氢钾液进行根外追肥。③翌年栽秧前，用5%活性炭溶液浸蘸秧根2~3分钟后再栽插。

（2）为害较重时可采取的措施。为害较重的，两三年内不要种稻，可改种大豆，同时采取增施有机肥等缓解措施。如果已移栽水稻并发现早期为害时，则必须连泥铲除，填上新土，重新栽插。

三、盐害苗

盐害主要是指在盐碱地上种植水稻，或者是引用咸水灌溉所造成的水稻生理障碍。江苏省沿海地区常常出现盐害现象，轻者造成减产，重者颗粒无收。

（一）形态特征

水稻在不同生育阶段，盐害症状是不同的。

（1）种子萌发阶段。因种子吸水速度严重受抑，种子出芽不齐。发芽势随盐分浓度增高而渐降。盐分浓度过高，种子不发芽，致使种子在土壤中腐烂变黑。

（2）种子萌发后的苗期，即进入盐分敏感期。芽期：表现芽尖枯黄、弯曲，迟迟不能现青，甚至死亡。2~3叶期：表现焦头，焦头叶片互相粘连。待秧苗恢复生机，叶片继续生长时，在粘连处不散开，造成所谓“带环”现象。4~5叶期后（即秧田后期）：表现生长缓慢，叶片发黄或发红，由叶尖向叶基或叶鞘蔓延，脚叶枯黄，严重的卷叶枯焦。根系发育不良，根尖黑褐色（生长正常的根尖为白色或浅黄色），严重时

变黑腐烂，甚至死亡。

(3) 移栽后受害，表现活棵迟，发根差。叶片呈淡黄色，心叶有萎蔫现象，并从脚叶开始渐次形成病斑。叶片先从叶尖开始变黄褐色，直至枯死，会产生叶片由下而上的大量剥皮枯死。枯死叶呈白色倒在水面，受害稻苗根系变黑腐烂。

(4) 分蘖期及其以后受害。表现分蘖伸长受抑，无效分蘖增多，枯株下部叶片发黄发红，并常有锈褐色斑点，心叶叶尖可结上“盐霜”，舔之有咸味。

(二) 发生原因

盐害分为直接为害和间接为害两种。直接为害，主要是因盐土中含有氯化钠（NaCl）、碳酸钠（Na_2CO_3）、氯化镁（$MgCl_2$）、硫酸镁（$MgSO_4$）等盐类，随着土壤盐分浓度的提高，土壤溶液渗透压增大，从而影响根系对养分的吸收，造成水稻生理障碍，产生叶片枯焦和卷曲现象。有时土壤盐分很高，造成根细胞反渗，导致细胞质壁分离，破坏细胞原生质，引起死亡。同时，土壤中大量的氯离子（Cl^-）进入植株体内，破坏糖、氮的正常代谢作用，造成蛋白质水解，阻碍养分向谷粒运输，因而产生缩苗、迟苗和大量空秕粒。间接为害：主要是盐分破坏了土壤结构。盐土中的大量钠离子（Na^+）与土壤胶体形成代换性钠后，导致土壤板结，通气性、渗透性恶化，造成耕作困难，水稻根系发育不良。长期板结土壤还原性增强，碳盐在微生物的作用下，还原而生成硫化氢（H_2S）等有毒物质，为害水稻根系，使之腐烂变黑。

(三) 防治与转化措施

(1) 科学灌水，确保全苗。在浅水插秧后，要立即灌3厘米的深水，护苗2~3天。稻苗返青后，若灌溉水质好，泡

田洗盐彻底，则可进行浅水勤灌。反之，要灌深水勤换，日深夜浅，做到看天、看苗、看水质，灵活掌握灌水技术。

(2) 适量施用石膏，改良土壤。因石膏中的钙离子(Ca^{2+})可置换土壤胶体表面所吸附的钠离子(Na^{+})，能消除钠离子(Na^{+})所引起的为害，从而改善土壤的通透性，有利于水稻生长发育。

四、酸害苗

(一) 形态特征

严重的田块，开始根尖卷曲变黑，1天后即枯萎死亡。轻的田块，稻株矮小，叶狭，呈暗灰绿色，生育后期稻株变黑，不结实率很高，损失很大。又据测定，一般酸害苗，在插秧后当天或1~2天内就会产生卷叶，稻苗从葱绿色转变为灰暗色，随后叶尖变成紫褐色，严重的进一步变成黑色，全叶自顶端向下枯焦，新叶出生极少，即使伸出也难持久。根生长慢而短，发根极差，但有少数根却伸得很长、很细，伸到深层土中。这些稻苗在枯死前，却不见矮小，较直立，无分蘖。死苗在田间呈斑状分布，并有从局部小范围开始、尔后逐年扩大的趋势。严重时，可以连片达几公顷地。

(二) 发生原因

水稻对土壤的酸碱度具有广泛的适应性。据研究结果表明，各个品种的水稻适应范围pH值为3.5~8.4。因此，在一般情况下是不会因为土壤酸度过高而造成水稻酸害的。但是江苏省沿海各地的酸性硫酸盐土（又名叫酸性黏土、潮浸红树林土、咸酸田等），其土壤的pH值可低至3以下，种植水稻生长不良，造成严重死苗现象，个别的土壤甚至达到停产撂荒的地步。还有受某些工矿废水（含有硫化物，氧化成硫酸）的影响，供土壤呈极端酸性反应，造成对水稻的危害。因此，硫酸危害是死苗的直接原因，具体有以下几种情况。

（1）湖荡围垦田的土壤泛酸。在苏南平原地区，这种现象比较多。所谓泛酸，是指表层土壤产生异常酸化现象，而它的下层土壤的酸碱度变化很小，仍在正常范围之内。其原因是某些湖荡底有一部分淤泥层含硫化物质（如硫化铁及有机酸化合物）较多，在湖荡淹水的条件下，由于氧的不足，这些硫化物处在还原状态，没有显示酸性。当湖荡变成稻田后，由于围荡排水，这种含硫较多的淤泥就暴露在田面，经过风吹日晒，以及硫细菌的作用，发生硫的氧化，形成硫酸，对作物产生毒害。

（2）在挖渠道、河道、筑路时，将埋在底层的含有硫化物的淤泥翻到田面，氧化成硫酸。

（3）某些矿废水中含有硫化物，当它流出地面时，也会氧化产生硫酸。

（三）防治与转化措施

（1）施用石灰中和土壤酸度。石灰用量根据各田块泛酸程度来确定，以足够中和表土的酸度为依据。一般每亩可施石灰100~150千克。

（2）施用碱性肥料。例如施用氨水、碳酸氢铵、草木灰、钙镁磷肥和螺壳粉等。

五、畸形苗

（一）形态特征

畸形苗在苗期、分蘖期和抽穗期均有可能形成。在苗期和

分蘖期一般表现为畸形叶，形成“竹叶”或“管状叶”。“竹叶”指叶片明显变短变宽，叶片扭曲；“管状叶”指叶片和叶鞘愈合成管状，形如席草，萎缩畸形。畸形苗在抽穗期一般表现为畸形穗，稻穗扭曲变形变弯，形成翘头穗，空秕率增加，千粒重降低。

（二）发生原因

由药害而产生的畸形苗，主要是由除草剂以及一些农药使用不当所引起的。这类除草剂属于植物激素类型，微量有促进作物生长的作用，高浓度则会引起植物畸形，甚至枯萎死亡。如水稻在播种前或芽期误用二甲四氯除草剂，会使稻谷不长根，或幼芽细长扭曲，以后逐渐死亡。水稻幼苗期或拔节后，施用二甲四氯浓度不适当，喷药后 2~3 天稻苗叶片张开，植株东歪西斜。1 周后生长缓慢，植株矮小，叶色墨绿。半个月以后叶片和叶鞘愈合成管状，形成“管状叶”。这一段时间后，新生叶冲破管状叶鞘，从旁边抽出，开始仍为皱缩扭曲畸形，以后才逐渐恢复正常。在水稻幼苗期施用杀草丹，用量太大，施后 2~3 天内出现苗基和叶片扭曲，生长缓慢，植株矮小，叶色浓绿，明显变短变宽，分蘖少，苗纤细。这类畸形苗过一段时间就恢复正常。在始穗到灌浆初期施用过量稻脚青等农药，会造成畸形穗，穗部扭曲，空秕率增加。

（三）防治与转化措施

如已发生药害，则应立即排水，换上清水并增施速效氮肥，加强田间管理，促使稻株迅速恢复生长。

六、二氧化硫气体受害苗

（一）受害症状

水稻受工厂排出的二氧化硫有毒气体作用而引起的生理病

害。急性为害在二氧化硫气体浓度高和接触时间短的情况下发生。受害稻株叶片褪色，自叶尖向下出现油浸状白斑，后变为黄褐色斑块，叶片两边向中央卷缩，并出现条状伤斑，受害部分失水干枯。水稻抽穗后受害，谷粒上也出现白斑，使谷粒不能充实。

慢性为害二氧化硫气体浓度低和接触时间长的情况下发生。受害稻株叶片从叶尖逐渐沿叶缘呈黄白色或黄褐色而枯死，远看好像被火烧焦一样。植株生育不良，成熟时谷粒不饱满，呈污褐色。

（二）发生原因

当二氧化硫通过水稻叶片的气孔进入叶片后，被叶肉吸收，转变成 SO_3^{2-}，然后又转变成 SO_4^{2-}，由于在植物体 SO_2 转变成 SO_3^{2-} 的速度要比 SO_3^{2-} 转变成 SO_4^{2-} 的速度快，所以当高浓度的 SO_2 进入叶片时，会造成高浓度的 SO_3^{2-} 的积累。

（三）防治措施

根治人为污染源，避免二氧化硫有毒气体向大气排放。

七、污水受害苗

（一）受害症状

水稻受污水为害后，一般表现插秧后返青慢，或返青后不分蘖或分蘖不良，叶色淡绿，叶片自叶尖开始沿叶缘呈赤褐枯死现象，远看稻田成片如铁锈色，严重时根系全部腐烂。

（二）发生原因

水稻污水为害苗是灌溉了工矿企业的废水和居民的生活污水，造成稻苗直接中毒或稻田土壤积毒而引起。这些工业废水和生活污水中虽然含有较多的氮、磷、钾养分，但还含有苯、

酚、氯、氰化物、碱等能直接危害水稻，抑制水稻生长，严重时使稻株枯死。

（三）防治措施

利用污水灌溉必须进行污水有毒含量测定，只有达到污水无害化后才能用于水稻灌溉。

第二节　营养诊断

一、水稻营养元素迁移规律和生理功能差异

（一）移动营养元素与不易移动营养元素

移动营养元素指可利用元素，如氮、磷、钾、锌、镁等；不易移动元素常称不可再利用元素，如钙、铁、硼、硫等。由于营养元素可在植株体内移动的特点，缺素症状出现的部位也不同。氮、磷、钾、镁等移动元素在植株体内不足时，它们会从老组织移向新组织，因此缺素症状最初总是在老组织上出现（下部老叶易黄枯）。相反，一些不易移动的营养元素在植株体内缺乏时，一般从新生组织开始（刚长出的新叶等），所以从新老叶组织的叶色变化症状可以诊断是由哪些营养元素或哪一种元素的缺少引起的。稻株体内各种营养元素有一个合适的界限，某一种元素过剩或缺乏均能引起营养失调，生育不良，甚至发生病害。有时，也有 2 种以上养分的缺乏或 2 种以上的元素或物质的中毒交织在一起。因此，在进行形态诊断的同时，进行营养诊断，以便在症状发展初期观察到可见症状，就可以及时地采取相应措施，避免水稻营养失调现象的严重发生。

（二）各种营养元素的生理功能

1. 氮

氮是组成植物细胞原生质——蛋白质的主要成分，蛋白质中氮占16%~18%，是形成植物体（如茎叶）的成分。氮也是叶绿素的主要成分。在施氮肥后，水稻叶色加深，光合作用加速，就是叶绿素含量增加的缘故。据研究，水稻所吸收的氮素，只有1/3是施用化学肥料的氮素，其余2/3是地力产生的氮素。由地力产生的氮素，分布在耕作层中。因此，看苗诊断不仅要知道施氮量多少，还要了解地力水平高低。

2. 磷

磷是核酸的主要成分，在对细胞分裂中起较大作用的细胞核中含磷特别多，因此在细胞增殖的分蘖期，磷对于增加分蘖是必需的。同时，磷又是ATP（三磷酸腺苷）和ADP（二磷酸腺苷）的组成成分，对于能量传递和贮藏都起着重要作用。此外，磷在淀粉和纤维素等合成上有重要作用，在水稻抽穗后磷从茎叶转移到穗中，参与米粒中淀粉的合成。

3. 钾

钾不参与水稻体内重要有机物质的组成，主要以溶解的无机盐形式，即以离子状态存在或被胶体不稳定吸附。钾参与蛋白质的合成和原生质的构成。钾与水稻体中碳水化合物合成与运输有密切关系，还与气孔的开放有关。

4. 镁、钙、硫

镁、钙、硫是水稻体内某些组成成分之一。如镁（MgO）在水稻茎叶内的含量为0.5%~1.2%，是叶绿素的组成成分，其中多集中在叶绿体内，缺镁就不能形成叶绿素。硫

(SO_2)在稻体内的含量为0.2%~1.0%，是某些氨基酸的组成成分，缺硫影响蛋白质的合成。钙是某些酶的组成成分。因此，它们是水稻正常新陈代谢所必需的。这些元素在水稻植株中含量很少，一般土壤中的含量已够水稻需要。

5. 铁、锰、硼、锌、铜

这些元素对水稻的新陈代谢、器官发生、物质的合成与运转等生理过程都有重要作用。如铁、锰参与叶绿素的形成，硼参与花粉管形成和受精作用，锌与叶绿素和生长素的形成有关。

由于各种营养元素的生理功能不同，缺素后形成的症状也不同，磷、硼、铜、铁、锌等元素缺乏时，一般都出现失绿；缺铜时表现为新组织如生长点萎缩甚至死亡；铁和锌元素缺乏时常出现畸形小叶等，因此根据这些形态特征可以诊断出某种营养元素是否缺乏，并作为施肥的依据。

二、各种缺素苗

（一）缺氮苗

1. 形态症状

表现出叶色变淡甚至变黄。一般从下部叶片开始变黄，影响叶绿素和蛋白质合成，进而削弱光合作用，使植株干物质生产不能进行。分蘖期缺氮主要表现生长缓慢，稻苗矮小，叶枕距越来越小，叶蘖不同伸，分蘖迟且小，叶窄、短小、直立，并呈黄绿色，根系功能削弱。只有供给充足的氮素营养，才能获得丰产高产的物质基础。

2. 发生原因

分蘖期是水稻一生需要氮素养分较多的时期，在大田生产上，常因氮肥供应不足，地力瘠薄而表现出缺氮症状，这是最

常见的缺氮原因之一。

水稻不同生育时期叶片的含氮量不同，但正常生长的植株，不同时期的叶片含氮量是基本稳定的，这是水稻叶片含氮分析的根据。据研究，氮素营养和碳水化合物积累之间呈反比关系，即植株含氮丰富时，光合产物先用于蛋白质的合成和叶片的产生，而叶鞘和茎秆的碳水化合物含量较低；相反，当植株含氮不足时，剩余的光合产物就以淀粉的形式贮藏在叶鞘中。因此，可用叶鞘淀粉碘检测方法确诊，也可用根外喷施速效氮肥或土中施入速效氮肥进行诊断，如果缺氮，则在短期内症状表现就会消失。

3. 防治与转化措施

缺氮的预防就是防止缺氮。一是培肥土壤；二是根据水稻分蘖期的需肥特点，施足肥料。要求有机肥和化肥相结合，氮、磷、钾三要素搭配。基肥要施足，追肥要根据品种的耐肥力、土壤肥瘦、气温、秧苗长势、长相的变化，适期适量使用。

（二）缺磷苗

1. 形态特征

酸性土壤的磷常被氧化铁闭蓄，影响速效磷的释放。因此，缺磷苗多发生在双季稻上，早稻早熟的品种更为严重。这种苗待气温明显升高后逐渐好转，严重影响早稻早发。具体表现：秧苗返青后，生长显著缓慢，分蘖延迟或不分蘖；新叶暗绿带蓝，老叶叶色暗绿，无光泽，严重的叶尖带蓝紫色，远看稻苗暗绿中带灰紫色（磷元素缺乏时糖类容易在叶体中滞留，利于花青素的形成而使基部叶常带有紫红色）；叶片直立不下披，严重时叶片沿中脉稍呈卷曲折合状；鞘、叶比失调，叶鞘

长，叶片短；稻丛呈簇状，株间不散开，矮小瘦弱；根系短而细弱，多呈黄褐色，新根很少；有时还发生硫化氢中毒，对磷的吸收影响很大。

2. 发生原因

水稻磷素失调主要是由缺磷引起的。磷肥进入土壤后，在酸性条件下，易被铁离子、铝离子固定；在微碱性和石灰性条件下，易被钙离子固定。因此，它的有效度很低，常使水稻表现缺磷现象。磷是构成作物体内核酸的主要成分，磷素不足会使细胞分裂减慢或不分裂。水稻分蘖期是细胞分裂的旺盛期，需要大量的磷才能满足分蘖的需要，此时缺磷，就会阻碍分蘖，造成僵苗。但缺磷症状被肉眼发现时，水稻生育已受到严重阻碍。

缺磷稻株可用钼蓝法做出化学诊断，取代表性稻株 3～5 株，洗净，剪去根系，剥除枯叶，从基部向上剪取叶鞘组织，剪成约长 2 毫米的碎屑，混匀，然后取叶鞘碎屑 1 毫克左右，放入 15 毫升的试管中，加盐酸钼酸铵溶液 2 毫升（液面应相当于叶鞘碎屑），管口用橡皮塞塞紧，上下振动 300 次左右（约 2 分钟），再开塞，加水 8 毫升，摇匀；再加入氯化亚锡甘油溶液 1 滴，摇匀，5 分钟后观察颜色。稻株严重缺磷时，叶鞘组织呈黄绿色或蓝绿色；轻度缺磷呈淡蓝色；不缺磷呈深蓝色。

缺磷苗一般多发生于红壤或黄壤性水田、冷水田、高山水田、还原性强的水田。红壤和黄壤类土壤本身含全磷量低，速效磷更低。冷水田、高山水田和还原性强的水田，由于低温及还原条件影响，水稻对磷素吸收代谢功能很弱，所以就表现缺磷。

3. 防治措施

对于红黄壤类型水田，在增加有机肥料的同时，主要是增施磷肥，并注意施肥方法。施磷肥宜早施和集中施。秧田期磷肥撒施在秧板表土下 3.3 厘米以内。插秧时增施磷肥，可用钙镁磷肥蘸秧根，插秧后几天对缺磷僵苗直接喷施 0.2%浓度的磷酸二氢钾溶液，也可每亩用 1～1.5 千克过磷酸钙，兑水 15～20 升，喷在叶面上。总之，施肥的效果是：基肥优于追肥，秧田优于本田。稻田播种绿肥时施用磷肥，能促进绿化高产而获得“以磷增氮”的效果，而且被绿肥吸收的及残留于土壤中的一部分磷肥，仍可供水稻吸收。

（三）缺钾苗

1. 形态特征

缺钾植株矮小，但分蘖减少不多，叶片短而披垂，叶尖出现赤褐色斑点，并从老叶向新叶、叶尖和叶基扩展，形成赤褐色条块和条斑，使全叶或整个植株呈赤褐色。初期上部叶片呈浓绿色，有时发褐色斑点，随后基部老叶最早出现症状，叶尖变黄，并有自叶尖沿叶绿向下呈镶嵌状枯焦的趋势，然后变褐枯死，进而黄叶症状逐渐向邻近叶片蔓延，并逐渐转向心叶。稻株生长停滞，植株矮小，分蘖变小。根系生长不良，呈黄褐色至暗褐色。据观察，籼稻在叶尖枯焦现斑前，有叶尖褪淡发黄的先期症状，而粳稻不太明显。

稻株缺钾症在分蘖前就会出现，至分蘖末期明显发病。一般早稻出现迟，晚稻出现早。诊断水稻缺钾的适宜时期是分蘖期至幼穗形成期。因为分蘖稻株氮代谢旺盛，体内含氮量较高，钾氮比率最小，钾在体内呈离子状态，测定组织清洁汁液中钾含量，便能了解是否缺钾。

2. 发生原因

（1）土壤缺乏直接利用的钾。

（2）肥料成分不平衡。偏施氮、磷化肥而引起缺钾，在许多地区已普遍发生，并已严重影响作物产量的不断提高。

（3）土壤酸碱度不适当，土壤中有效钾，一般地说，以土壤 pH 值为 7 左右时最多。pH 值高到 7.5~8.5 时，因土壤中含有过多的钙，对钾起着强烈的抵抗作用，阻碍作物对钾的吸收。有时土壤中有效钾比较多，但仍可继续增加，对作物生长发育不利。在土壤处于酸性时，钾在土壤中淋失量较多，导致土壤中有效钾含量减少，易患缺钾症。

3. 防治与转化措施

（1）根据缺钾程度，结合氮、磷的施用水平，适量施用钾肥。缺肥的土壤，不论早、晚稻，均宜以基肥形式增施氯化钾、硫酸钾、钾镁肥、钾钙肥或草木灰等，保证分蘖期的钾氮比在 0.5 以上。但沙性重的泥沙田，由于钾离子易流失，故以分次追施为宜。

（2）已发生缺钾症的稻田，应立即排水搁田或干干湿湿，使之通气发根。在追施氮肥的同时，配合钾肥施用。也可每亩喷 1%氯化钾或硫酸钾溶液 2~2.5 千克。

（四）缺锌苗

1. 形态特征

缺锌的主要症状是下位叶片有褐色斑点和条纹，新叶中脉尤其是基部褪绿，植株矮缩，田间生长不均匀，成熟延迟。

水稻缺锌时，主脉有失绿现象，沿主脉向叶缘扩大而多呈黄白色，最后整个叶片呈褐色，植株矮小，分蘖小，根的伸展迟缓。

水稻对锌的需要量很小，一般在 20~30 毫克/升。植株叶片含锌量低于 20 毫克/升时，轻度缺锌，分蘖和基部老叶出现少量褐色斑点的症状；叶片锌含量在 10~15 毫克/升时，严重缺锌，稻丛矮缩，一片赤褐色，生长受抑制。生长后期症状有好转，但直至抽穗仍不能恢复正常，造成减产。

2. 防治与转化措施

（1）增施硫酸锌基肥，用量一般为每亩 1 千克左右。锌在土壤中不易移动，因此锌肥应施在种子下面或旁边，面施效果较差。在施用时，可与生理酸性肥料混施，但要避免与磷肥混施。

（2）用 0.1%~0.2% 硫酸锌溶液连续浸种 12 小时。温室育秧的，在小苗期，用 0.2% 硫酸锌溶液浸泡秧盘 4 小时；在大苗期，用氧化锌或 0.2% 硫酸锌溶液蘸秧移栽，也可用硫酸锌 1 千克耕翻入土，作基肥。在秧苗 3 叶期，移栽前 3~5 天，大田移栽 5~7 天、10~15 天均可喷施锌肥，喷施浓度均为 0.1%~0.2%。在水稻叶面喷施 2~3 次，一般可消除缺锌症状，增加产量。

（五）缺铁苗

1. 形态症状

缺铁从幼苗开始全部叶片褪绿，然后发白，而叶脉仍绿色。铁中毒下部叶片出现细小褐斑，由叶尖扩展到叶基部，这些斑点在叶脉间连接起来，严重情况下，全叶看起来呈紫褐色，根系多为黑根，少数根的末端有根状分枝。

2. 发生原因

水稻对铁元素需要的绝对量极少，在通常情况下很少发生缺铁现象，只是在石灰性很强的土壤中，或在沙质土的旱秧田

秧板覆盖大量草木灰情况下才有可能。这是由于表层土壤处于氧化及碱性反应的条件下，游离态铁质呈氧化状，或以 $Fe(OH)_3$ 形态而沉淀，使秧苗吸收不到足够铁离子而出现暂时缺铁现象。

3. 防治方法

一旦缺铁白苗出现，应灌水造成土壤的还原条件，以提高土壤中亚铁离子浓度，白苗现象就能很快消失而恢复正常生长。

（六）缺锰苗

1. 形态症状

缺锰稻株矮小，分蘖少或正常，叶脉间褪绿条纹由叶尖向叶基部扩展以后变深褐色坏死，新出叶变小，狭窄，淡绿色，根系发育不良，棕色，短根较多。锰中毒植株生长受抑制，株矮，分蘖较少，叶片和叶鞘的叶脉上产生褐斑，尤其是下部叶。

2. 发生原因

水稻需锰量不多，一般土壤中的含锰量较多，只在酸性土壤上施用大量石灰以后，土壤中有效锰含量显著降低，才出现缺锰现象。缺锰土壤引发胡麻叶斑病。

3. 防治方法

防止过量施用石灰；一旦发现稻株缺锰时，可配 0.1% 硫酸锰水溶液进行叶面喷施。

（七）缺硼元素苗

1. 形态症状

缺硼植株矮小，新出生叶的叶尖变黄白色、卷曲，严重时顶端生长停止，后长出的叶片弯曲，几乎近白色；但新蘖继续

发生，水稻结实不良，易产生空壳。硼中毒老叶叶尖发生褪绿，以后沿叶缘出现深褐色椭圆形大斑，最后叶变褐干枯。硼元素缺乏时，花粉粒和花粉管发育受阻，不能正常受精。

2. 发生原因

水稻对硼的需要量很少，生产上很少出现缺硼症。只有沙土、酸性土等土壤中的有效硼易被雨水淋失；石灰性土壤中的有效硼易与钙化合，生成不溶性硼酸钙沉淀，从而造成这类土壤的有效硼含量不足。

3. 防治措施

改善土壤理化性质，减少淋溶和过量施用石灰，以防止土壤中有效硼含量不足；水稻生长期间发现缺硼稻田，可用0.02%~0.03%硼酸水溶液进行叶面喷施。

（八）缺硫、钙、镁苗

1. 形态症状

缺硫和缺氮的症状相似，稻株生长受到抑制，矮小。初期叶色变黄，叶脉先缺绿，后遍及全叶，老叶呈淡绿色；根长而较少。

缺钙时一般外观很少受到影响。严重缺钙时，植株矮小，上层叶片的尖端及两缘变成白色和卷曲，后转为黑褐色。根短、根尖褐色。

缺镁稻株高变矮，分蘖减少。叶片披垂，叶片缺绿而叶脉间的叶肉变黄，以后叶肉死亡，一般从下部叶逐渐扩展到上部叶片。

2. 发生原因

主要是土壤中含有硫、钙、镁元素缺少而补充不足，其次

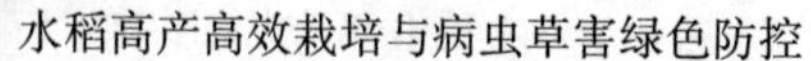

土壤通气不良，不仅直接影响稻根的呼吸作用和吸水、吸肥，而且还会使土壤呈强烈的还原状态，产生硫化氢、亚铁等还原性有毒物质，毒害稻根，从而抑制根系对各种养分的吸收作用。

3. 防治措施

一是针对性施用含有该微量元素的肥料；二是改善土壤通气性，增强稻根吸肥能力。如降低地下水位、重视烤田等有效措施。

（九）缺硅苗

1. 形态特征

水稻是喜硅作物，通常在水稻茎叶中的含硅量（SiO_2）可达 10%~20%，是水稻生长发育的必需营养元素之一。高产的水稻含硅量更高。水稻缺硅时，植株变矮，根短，茎、叶表皮细胞硅质化不良，叶软下垂，容易患稻瘟病和胡麻叶斑病等病菌。

2. 发生原因

土壤中硅含量不足、施含硅肥量不多是形成缺硅的主要原因。土壤中硅充足能促使基部节间变粗、强度增加、抗折力明显增大，增强了抗倒伏性。江苏农垦 2001 年研究表明，水稻拔节期施用硅肥基部 15 厘米茎秆的抗折力比未施硅肥的处理增加 14.3~102 克/茎。基部茎粗增加 0.03~0.8 毫米，水稻吸收硅元素充足，叶片角度小，直立，受光姿态好，光合效率高。由根部吸收的硅随蒸腾上移，水分从叶面蒸发，大部分硅酸在表皮细胞的角质内，形成角质——硅质层。硅酸不易透水，所以可降低蒸腾强度。硅酸的存在还能增强根部氧化力。施硅肥还可促使磷向穗部转移。茎叶中的硅酸化合物能对病原

菌和害虫呈现某种毒害而减轻为害。硅肥还能提高水稻抗病能力，水稻基施硅肥纹枯病的发病率比未施硅肥的可下降 28.4%；稻瘟病发病率下降 3.3%~14.2%。

3. 施用方法

硅来源于土壤和灌溉水。补充硅可施用含硅量较高的稻草或土杂肥，也可以每亩施硅肥 150 千克，分 2 次与基肥和分蘖肥一同施用。

第七章　水稻防灾减灾技术

第一节　水稻干旱防灾减灾

一、严重缺水年份的水稻生产

缺水经常影响水稻生产。为了在严重缺水年份也可获得一定的收成，可以采取以下几种栽培形式。

1. 水稻旱种

是由于水资源紧张而采取的一种节水栽培技术，在水田里实行旱播种，苗期不建立水层，4~6 叶以后逐步建立水层或保持湿润状态的一种栽培方法。其主要技术要点如下。

（1）选择适宜品种。旱种旱管水稻生育期会有所延迟，应选择当地中、早熟品种。

（2）抓好保苗措施，合理密植。一是精细整地，二是种子消毒，三是提高播种质量。一般亩播量 10 千克左右，行距 25~30 厘米，每亩收获穗数 35 万~45 万株。

（3）防除杂草。采用人工和药剂防治相结合的方法防除杂草。

（4）必须适当灌水，合理施肥。在水稻分蘖始期、幼穗分化至乳熟末期，土壤水分不足时应及时灌溉，整个生育期灌溉 3~5 次，每亩用水量 200 立方米左右。

2. 水稻地膜覆盖湿润栽培技术

是一种节水增温、除草减病、增产增收的新技术。其主要技术要点是选用优良品种、选择适宜地膜、培育带蘖壮秧、精细整地、全程配方施肥、适时早插和加强田间管理。

此外，还有水稻无水层栽培、稀播育大秧迟栽技术和晚播晚插栽培技术等。

二、严重缺水年份的水稻品种优选

在严重缺水年适期播插的品种约 2/3 应选择分蘖力强、根系发达、株形紧凑、穗粒兼顾、抗逆性强、熟期适宜的优良品种适期栽插；剩余的 1/3 应选择温光反应不敏感的早熟、中早熟品种进行晚播晚插，以充分利用当地的水资源。

严重缺水条件下可利用早熟品种进行晚育晚插节水栽培，有效地利用天然降水，缓解灌溉水资源短缺的矛盾，促进水稻生产持续发展。但是，早熟品种晚育晚插，其生育期缩短，主茎容易提早进入幼穗分化，影响产量。那么，采取什么措施才能使产量不降低呢？一是选择温光反应不敏感、分蘖力强、保蘖力好、产量高、米质好的优良早熟品种；二是通过晚育适期早插，延长其营养生长期，增加营养物质积累的方法来提高产量；三是加强肥水管理，促进生长发育，确保安全成熟。

三、巧用前茬搞好水稻复种

在一季粳稻种植区，本田插秧前的前茬闲置时间较长，造成了光、热、土地资源的巨大浪费。充分利用早熟品种晚育晚插的前茬空闲进行复种，一年两茬，可以大大提高耕地的复种指数，节约灌溉用水，并能错开春季用水高峰期，提高经济效益。复种的作物主要是地膜冬小麦、棚菜、西瓜和马铃薯。也

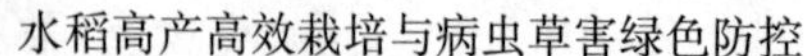

可利用前茬空闲种一季绿肥作物，插秧前翻入土壤，培肥地力。

四、严重干旱时的水稻保秧策略

在严重干旱的条件下，要保住秧苗不受危害，主要应采取以下措施：一是选择有水源的地方作为苗床，以确保严重干旱时能有一定的水资源供应；二是培养有机质含量丰富、土壤物理性状好、保水保肥的床土；三是选择耐旱性强的品种，稀播种培育带蘖壮秧。

第二节　水稻冷害防灾减灾

水稻冷害的发生对大米品质的影响较大，特别是延迟型冷害的发生导致秕粒增多，千粒重下降，成熟度差，都会严重地影响大米的外观品质、碾米品质和食味品质。具体表现为：糙米率、精米率和整精米率均降低，垩白米率提高，垩白度加大，透明度差，直链淀粉含量高，蛋白质含量高，食味差。水稻冷害是受气温影响还是受水温影响，主要看冷害的发生时期。一般来讲，如果是在苗期发生低温冷害，主要是受水温影响大。因为水稻生育前期是营养生长期，气温高，水温随之也可提高，气温降低，水层尚有调温的作用。孕穗期水温和气温同等重要，水温、气温低，都可造成不孕粒的发生。抽穗开花期气温比水温重要，因为此时穗已完全从剑叶抽出，花粉已完全暴露在大气中，因此气温低容易造成低温危害。

水稻耐寒性品种间的差异很大，因此，在同等条件下，耐寒性强弱关键取决于品种的耐寒性。水稻低温发芽性品种间差异也较大。试验结果表明，高纬度早熟品种低温发芽性高于低

纬度晚熟品种，陆稻高于水稻，农家品种高于改良品种，糯稻高于粳稻，粳稻高于籼稻。所以，特别是寒冷稻区宜选择苗期、孕穗期和抽穗开花期耐寒性强的品种。

一、苗期和分蘖期冷害诊断

苗期与分蘖期低温冷害主要表现为延迟型冷害、生育拖后。该期可参考临界温度来进行诊断，通常苗期的临界下限温度为日平均13℃，分蘖期的临界下限温度为日平均16~18℃。如果该时段内达不到上述指标要求，可认为是发生了冷害。

二、营养生长期冷害的综合诊断技术

营养生长期（播种至幼穗分化始期）遇低温将发生延迟型冷害。研究结果表明，该期的平均温度与抽穗期的迟早关系密切，可用以诊断延迟型冷害的程度。

三、障碍型冷害敏感期的综合诊断

水稻障碍型冷害的最大敏感期，通常是在花粉母细胞减数分裂期。准确掌握这一时期，对诊断和防御冷害都有重要的意义。生产上比较适用的办法是以叶耳间距为指标来判断这一时期。一般认为剑叶与下一叶的叶耳间距为-13~+5厘米时，为花粉母细胞减数分裂期。

四、延迟型冷害的防治措施

选用耐冷害性强的早熟、优质、稳产的水稻品种。这是预防延迟型冷害的关键。标准是芽期和苗期有较强的耐冷性，在低温条件下发芽性能强，田间成苗率高，能早生快发，并能保证一定的分蘖数；抽穗开花后灌浆成熟快，结实率高。实行计

划栽培，培育壮秧，采用保护性栽培技术，确定安全齐穗期。

提高水温和地温。水稻生育前期主要是受水温的影响，生育中期受水温和气温的共同影响，生育后期主要受气温的影响。试验证明，设晒水池、加宽和延长水路、加宽垫高进水口及采用回灌等措施，均可使白天田间水温和地温升高，对促进水稻前期的生长发育有良好的效果。

增施磷肥，控制氮肥的施用量。磷能提高水稻体内可溶性糖的含量，从而提高水稻的抗寒能力，同时磷还有促进早熟的作用，因此，磷肥应作基肥一次施入到根系密集的土层中，便于水稻吸收，并可防御低温冷害。

在冷害年份，通常应将氮肥总量减少 20%~30%。研究结果表明，在寒冷稻区的冷害年，切忌在水稻二次枝梗分化期施用氮肥。因为在寒冷稻区水稻幼穗分化始期处于最高分蘖期之前施用氮肥，会增加后期分蘖，延迟生长发育，使抽穗开花期延迟且参差不齐，降低结实率和千粒重从而造成减产。

五、水稻障碍型冷害的防治措施

选用耐障碍型冷害性强的早熟、优质、稳产的水稻品种，实行计划栽培，确定安全齐穗期。计划栽培就是按当地的热量条件选定栽培品种，并根据品种全生育期所需积温合理安排安全播种期、安全抽穗期和安全成熟期等适宜时期，使水稻生长发育的各个阶段，均能在充分利用本地热量资源的条件下完成。水稻花粉母细胞减数分裂期后的小孢子形成初期，对低温极为敏感，必须保证气温稳定在 17℃以上。另外，为了给水稻的成熟留有充足的时间（40~45 天），就必须限定一个安全的齐穗期。

在减数分裂期灌深水护胎。防御障碍型冷害造成的水稻不

育，当前唯一有效的办法是在障碍型冷害敏感期进行深水灌溉。冷害危险期幼穗所处位置一般距地表15厘米，灌深水15~20厘米基本可防御障碍型冷害。

控制氮肥的施用量。低温年少施氮肥可以减轻冷害，高温年增施氮肥可以获得增产。因此，要根据气象条件决定施肥量的多少。

六、水稻耐寒品种的选择

水稻直播的主要问题是保苗。要想一次播种保全苗，就必须提高成苗率。而提高成苗率的主要措施除了整地质量和种子质量外，关键是要选用芽期和苗期耐寒性强的水稻品种，才能确保一次播种保全苗水稻插秧栽培苗期采用保温栽培技术，所以与芽期和苗期的耐寒性强弱关系不大。3叶期以后才移栽到大田，因此，插秧栽培选用的耐寒水稻品种的关键是分蘖期、孕穗期和开花灌浆期的耐寒性要强。

喷施叶面肥等可以较快地被水稻茎叶吸收利用，及时矫正缺素症状，促进水稻生长发育，加快水稻生育进程，在水稻需肥而又供应不足时见效较快，同时可以避免养分被土壤固定及“脱氮”等损失。在水稻齐穗至灌浆期进行叶面施肥，能延长生育后期功能叶片的成活率，加速籽粒的灌浆速度，减少空秕率，提高千粒重，因而对预防延迟型冷害有一定的作用。

第三节　水稻高温防灾减灾

水稻虽然是喜温作物，但是在各个生育时期超过生长发育的最适温度，水稻也会受害。水稻发芽的最适温度是28~32℃，当超过44℃时就会把芽烧死；在育苗期间，当水稻长

到2.5叶期时，温度超过25℃且连续2天以上插到本田后，早熟品种就会出现早穗现象。在水稻抽穗开花期如遇到40℃以上的高温，花粉就会干枯，造成空壳。

一、光照不足对水稻生长的不利影响

水稻是短日照作物，长期寡照会缩短营养生长期，缩短生育期，降低产量。不同时期的寡照，对水稻生长发育的影响也不相同。苗期如果光照不足，秧苗容易徒长；在水稻分蘖期间如阴雨寡照，则分蘖迟发，分蘖数减少，光照强度越低，对分蘖的抑制越严重。光强低至自然光强的5%时，分蘖停止发生；如在幼穗分化期间光照减弱，水稻生殖细胞将不能形成或延迟形成；颖花分化期光照不足，则颖花数减少；减数分裂期和花粉充实期光照不足，会引起颖花退化、不孕花增多。

为了减少寡照对水稻的影响，首先要培育壮秧；其次是建立一个合理的群体结构，保证通风透光，充分利用光能；三是合理运用肥水，保证水稻正常生长发育所需的养分和水分。

二、水稻热害的发生及其防治

1. 了解水稻热害的发生原因

水稻受热害的主要时期是育苗期、抽穗开花期和灌浆期。苗期受35℃以上的高温热害，主要症状表现是由于受高温的烧烤，轻者叶尖像水渍状，重者叶尖全部变白；抽穗开花期受35℃以上的高温，花粉粒内的淀粉积累不足或不积累，花粉的生活力减弱甚至死亡，花药不易开裂，散粉力差，授粉不良，空粒增加；而灌浆期的高温危害主要会造成秕粒增加，粒重减轻。

2. 合理防治水稻热害

水稻苗期特别是在采用保温栽培技术的条件下，为了防止高温热害的发生，一定要严格按照育苗的技术操作规程操作，及时通风炼苗，防止烧苗。对于抽穗开花期和灌浆期的高温热害，一是从品种熟期上进行调整，使水稻的抽穗期避过高温危害期。二是在出现高温时采用灌深水及日灌夜排等降温措施。有喷灌条件的，也可以在高温出现时进行喷灌。三是喷施一些对水稻叶绿素有保护作用的物质，如维生素 C、生长素等，对减轻高温的危害也有一定的作用。

第四节　水稻旱灾、涝灾和风灾防灾减灾

一、水稻生长的干旱敏感期

在水稻各生育期中，最易受旱害的是孕穗期和抽穗开花期。其次是灌浆期和幼穗形成期。插秧后幼苗返青期抗旱能力弱，水分不足就不能返青，从而枯死。水稻孕穗期受旱减产可达 47%，抽穗期受旱减产 14%~33%，灌浆期受旱严重且连续 14 天以上时，也可减产 23%左右。当土壤含水量为田间持水量的 70%~80%时，对水稻秧苗的生育影响不大；持水量降到 60%以下时，生育就会受影响，产量会降低；降到 40%以下时，叶片的水孔就会停止吐水，产量就会剧减；降到 30%时，叶片就开始萎蔫；如果再降到 20%，稻叶整片向内卷缩成针状，并从叶尖开始干枯。

二、过度灌溉的危害

水稻植株虽有较发达的通气组织，有一定的耐淹能力，但

是长时间淹水对水稻也是不利的。在水稻的不同生育期，只要淹水 4 天，产量就会受到不同程度的损失。如开花期会减产 64%，孕穗期减产 78%，分蘖末期到拔节盛期减产 20%，移栽后 2 周减产 11%，移栽后 1 周减产 7%。

三、水稻的耐水度

水稻是半水生沼泽作物，体内有发达的通气组织。空气中的氧气和光合作用产生的氧气，可通过通气组织进入根部。因此，它与旱田作物不同，能在淹水条件下生长。但除浮稻和深水稻外，它又不同于长期淹水的水生植物。普通水稻品种只能耐淹 4~5 天，多数水稻品种被水淹 7 天就会死亡。

水稻能在淹水条件下生长，也与水稻根的解剖结构与生理功能有关，即水稻具有较强的氧化能力以及适应低氧环境的代谢途径和酶系统。

从解剖结构上看，稻根的外皮与旱作物不同，有着高度木质化的结构，以阻止土壤中的还原性物质侵入根内细胞。另外，稻根的皮层细胞与茎的皮层细胞一样，大量崩溃成细胞间隙，并与地上部器官的通气组织相连，接收从地上部运送来的氧气，而且稻根的皮层细胞呈柱状排列，更有利于氧气向根部的输送。

从生理上看，水稻的根系具有很强的氧化能力。水稻根系不仅能从地上部接收氧气，还可以通过乙醛酸氧化途径，将氧变成强氧化剂——过氧化氢，并在过氧化氢酶的作用下放出新生态氧，增强氧化能力。稻根通过泌氧，使周围形成较大的根际氧化圈，抵制还原物质的侵害，维持根系的正常生理功能。同时，水稻体内具有一套很强的无氧呼吸系统，适于在低氧环境条件下进行呼吸代谢。由于水稻根系具有上述结构与生理特

点，因而能在淹水条件下生长。

四、水稻涝灾的防治

修建防涝水利工程是防止涝害发生的根本措施。如果发生了涝害，应及时排水抢救，争取顶部及早露出水面，防止窒息而死。及时清洗沾在茎叶上的污泥，以减轻机械损伤，保证叶片的光合作用，以便及早恢复正常生长。适当追施叶面肥，以促进生长及增强水稻的抵抗能力。由于叶片损伤，伤口极易感染，抵抗病菌的能力也下降，因此，应及时做好防病工作。

五、水稻涝害的发生及其表现

水稻虽然是耐涝作物，但是淹水深度也不能超过穗部，而且淹水时间越长为害也越重。在生育期中，以幼穗形成期到孕穗中期受涝，为害最重，其次是开花期，其他生育时期一般受影响较轻。孕穗期是花粉母细胞及胚囊母细胞减数分裂的时候，是水稻一生中对环境条件最敏感的时期。此时期淹水，可使小穗不生长，生殖细胞不能形成，或花粉的发育受阻，出现烂穗或畸形穗。未死亡的幼穗颖花与枝梗也严重退化，可能会抽白穗，甚至只有穗轴，而无小穗。即使能抽穗，成熟期也会推迟 5~15 天，每穗的粒数减少，空秕粒增多。

六、风灾的危害

大风可使水稻倒伏、落粒、茎秆折断及叶片擦伤，还会间接地引起病菌侵入和蔓延。如白叶枯病和稻瘟病的病菌就很容易从茎叶伤口侵入，加重病害的发生。风害程度与风力大小、持续时间、水稻品种的抗风能力及生育时期都有密切关系。在大风危害时，高秆品种比矮秆品种受害重；抽穗开花期、灌浆

成熟期比幼苗期、分蘖期受害重。

水稻在抽穗前受风的影响比较小，主要是叶片擦伤，叶尖产生纵裂，最后呈灰白色干枯，病健部分界限混杂不清，但病部不会扩展。如果大风吹断剑叶就会影响抽穗。抽穗开花期与灌浆乳熟期最忌大风，风害会使水稻开花授粉不正常，结实不良，秕谷增多。而且谷粒受风损伤，常常发生黑色的斑点，严重时还会出现白穗。抽穗期如果遇风发生倒伏，减产将更严重。成熟期遇大风，稻秆倒伏，造成落粒、谷粒发芽、霉烂等现象，既损失产量，又会降低品质。

七、预防风灾

兴修农田水利、种植防风林是防止风害的有效措施。此外，选用植株矮、茎秆强韧、株型紧凑、不易倒伏及不易落粒的水稻品种，加强田间管理，提高水稻的抗倒能力，也有利于抗御风灾。栽培上重视磷、钾肥的施用，不要偏施和晚施氮肥，并且做好晒田、烤田工作，以增强水稻的抗倒能力。

主要参考文献

范回桥，杨少波，李景江，2017. 水稻规模生产与经营［M］. 北京：中国农业科学技术出版社.

杨愉，唐洪兵，周小华，2018. 水稻规模生产与病虫害防治原色生态图谱［M］. 北京：中国农业科学技术出版社.